氮杂石墨烯基电化学适配体传感器应用研究

杜晓娇　编著

化学工业出版社

·北京·

内 容 简 介

《氮杂石墨烯基电化学适配体传感器应用研究》从设计制备一系列氮杂石墨烯基功能纳米材料入手，结合电化学发光（ECL）、光电化学（PEC）及自供能电化学传感等新型电分析技术，建立了一系列用于检测水体环境中最常见的亚型微囊藻毒素-LR（MC-LR）的电化学传感方法，并将其应用于农产品、食品中 MC-LR 的检测。与传统检测方法相比，电化学传感作为新兴的传感技术，具有便携、成本低廉、灵敏度高和分析速度快等一系列优点，在农产品品质检测中受到了广大研究人员的青睐。本书从底层理论到工程应用，系统地介绍了相关的知识和技术。

本书可供纳米材料、电化学领域科学研究人员参考。

图书在版编目（CIP）数据

氮杂石墨烯基电化学适配体传感器应用研究 / 杜晓娇编著. — 北京：化学工业出版社，2023.6

ISBN 978-7-122-43283-4

Ⅰ. ①氮… Ⅱ. ①杜… Ⅲ. ①电化学－化学传感器－研究 Ⅳ. ①TP212.2

中国国家版本馆 CIP 数据核字（2023）第 065086 号

责任编辑：李玉晖　　文字编辑：师明远　毕梅芳
责任校对：李露洁　　装帧设计：韩　飞

出版发行：化学工业出版社（北京市东城区青年湖南街 13 号　邮政编码 100011）
印　　装：北京天宇星印刷厂
710mm×1000mm　1/16　印张 9　字数 138 千字
2023 年 7 月北京第 1 版第 1 次印刷

购书咨询：010-64518888　　售后服务：010-64518899
网　　址：http://www.cip.com.cn
凡购买本书，如有缺损质量问题，本社销售中心负责调换。

定　　价：68.00 元

前言

微囊藻毒素（MCs）是一类水体[1]环境中最常见的环状七肽蓝藻毒素，其中以亚型微囊藻毒素-LR（MC-LR）分布范围最广、急性毒性最强。MC-LR不仅能够直接对水生生物产生危害，还可以通过灌溉、溢流、施肥等方式进入农田土壤，进而被农作物吸收累积，严重影响农产（食）品的质量安全，对人体健康构成潜在威胁。因此，建立灵敏、可靠、简便、易于现场检测及追踪农产品中MC-LR含量的方法是十分必要的。与传统检测方法相比，电化学传感作为新兴的传感技术，因具有设备便携、成本低廉、灵敏度高和分析速度快等一系列优点，在农产（食）品品质检测中受到了广大研究人员的青睐。

尽管人们对石墨烯的认知和应用取得了显著的进步，然而其大规模工业化应用尚在探索阶段，各种各样用于提升石墨烯性能的改性手段仍在逐步开发和研究。随着对石墨烯认识及研究的深入，人们对石墨烯提出了更高的要求。理论模拟和实验结果证明，对石墨烯材料进行元素掺杂可以有效地调控其物理化学性能。例如，将氮元素引入石墨烯材料后，N与C电负性的差异使得其产生电荷极化，与此同时，N存在的孤对电子能够与石墨烯平面上的C产生共轭效应，从而极大地改善石墨烯的载流子迁移率，提高比表面积，增强导电性，改善催化性能。因此，氮杂石墨烯材料在超级电容器、燃料电池、电化学传感等领域具有广阔的应用前景。进一步的研究发现，将氮杂石墨烯与不同的纳米材料耦合后，所形成的氮杂石墨烯功能纳米材料不仅具有各成分本身的性能，而且还能产生协同效应。将氮杂石墨烯功能纳米材料用于电化学传感界面的构建，能够极大地提升传感器的性能。重视和加强这方面的研究工作对保护生态环境与保证国民健康具有重要意义。

为了更好地了解新型纳米材料在农产（食）品安全检测中的应用，作者在收集、整理和总结农产（食）品安全检测领域中的最新研究进展以及近些年个人在该领域的研究成果基础上撰写了本书。

---

[1] 一类水体指开阔的大洋水，二类水体为河口、近岸水体。

本书共分 8 章，从设计制备一系列氮杂石墨烯基功能纳米材料入手，结合电化学发光（ECL）、光电化学（PEC）及自供能电化学传感等新型电分析技术，建立了一系列用于检测 MC-LR 的电化学传感方法，并将其应用于农产（食）品中 MC-LR 的检测，各章主要内容如下：

第 1 章从微囊藻毒素-LR（MC-LR）的基本情况和研究意义入手，介绍了微囊藻毒素-LR 的安全标准、检测方法及发展趋势，并着重介绍了电化学传感器在微囊藻毒素-LR 检测中的应用研究进展和氮杂石墨烯基纳米材料在电化学传感器中的应用研究进展。

第 2 章以一步自组装法制备的三维硼氮同杂石墨烯水凝胶（BN-GHs）纳米材料为载体负载发光分子联吡啶钌［$Ru(bpy)_3^{2+}$］，通过静电吸附作用进一步固载设计的 MC-LR 适配体，成功构建了高灵敏、高选择性识别 MC-LR 的 ECL 传感器。该传感器具有良好的检测性能，且可用于农田水样中 MC-LR 含量的检测。更重要的是，在电化学石英晶体微天平的生物作用动态实验与二维和三维材料传感性能对比实验结果的支持下，首次提出了一种新型的传感机制：在该传感体系中，未涉及常规的双链 DNA 传感机制，仅利用三维 BN-GHs 纳米材料直接放大单链 DNA（适配体分子）与 MC-LR 结合后的位阻效应，从而放大 ECL 信号的猝灭率，最终实现对 MC-LR 含量的灵敏检测。这种检测方法论可以推广到更多适配体基目标物的 ECL 方法检测中。

第 3 章以湿化学法制备的氮杂石墨烯-溴化氧铋（NG-BiOBr）纳米复合物为光电活性界面，通过 π-π 共轭作用进一步固定 MC-LR 适配体，利用 MC-LR 与光电极表面的适配体特异性结合后、被光活性电极的空穴氧化、导致光电流信号增强的 PEC 生物传感响应机制，构建了高灵敏、高选择性识别 MC-LR 的 PEC 适配体传感器。此外，该 PEC 适配体传感器具有良好的稳定性和重现性，可应用于鱼样品中 MC-LR 残留的检测。

第 4 章鉴于氮杂石墨烯-AgI 良好的光电化学活性和生物相容性，基于目标物 MC-LR 与光电极表面的适配体特异性结合后光电流信号降低，构建了一种信号关闭（“Signal-Off”）响应型的光电化学 MC-LR 适配体传感器；并利用荧光和时间相关单光子计数技术证实了提出的新型电子流向传感机理：当 PEC 传感体系中，电子转移过程占主导地位时，呈现信号打开（“Signal-On”）型的光电流信号响应；光生电子-空穴重组过程起主要作用时，则呈现信号关闭（“Signal-Off”）型的光电流信号响应。所构建的光电化学 MC-LR 适配体传感器具有高的选择性和灵敏性，该传感器可用于实际鱼样品中的 MC-LR 的检测。该工作不仅发展了可用于检测 MC-LR 的新方法，还丰富了 PEC 传感技术的基础传感理论。

第 5 章根据费米能级匹配原则，利用光助燃料电池技术，以费米能级高的 TiO_2 为光阳极材料，费米能级低的 NG -BiOBr 为光阴极材料，构建了以 MC-LR 为模型目标物的自供能传感体系。 基于 MC-LR 浓度增加时其电能功率输出信号也随之增加的相关性，首次研制了检测 MC-LR 的双光电极光助型自供能传感器，并应用于池塘水样中 MCs 的监测。 电化学阻抗实验表明，实际传感过程发生在光阳极界面，其传感机制为：MC-LR 被光阳极捕获后，消耗了其光生空穴，促进了其电荷分离，使得体系信号增强。 这种自供能概念型的传感器无需外加电源，检测装置自身为检测过程供能，易于微型化和便携化，有望实现现场检测。

第 6 章引入具有表面等离子体效应的纳米 Ag 和 NG 构建 NG-TiO_2-Ag 光阳极，NG-BiOBr 为光阴极材料，MC-LR 适配体为生物识别元件，基于体系中 MC-LR 浓度的增加，其最大输出功率减小的相关性，发展了一种可见光光助双极自供能适配体传感器。 在电化学阻抗、紫外-可见吸收光谱和荧光光谱实验结果的支持下，提出了相应的传感机理：光阳极界面特异性识别捕获 MC-LR 后，产生空间位阻效应，并降低了对光的有效吸收，从而促进了光生电子和空穴对的重组，最终引起体系电能输出信号的降低。 该自供能适配体传感器具有较好的选择性和灵敏性，同时由于无需外加电源，利于实时现场检测。

第 7 章评价了文献方法和本书所构建的不同电化学检测 MC-LR 方法的优势与不足以及各自的适用范围，同时综合评判了本书所构建的五种 MC-LR 电化学传感器的性能，与现有 MC-LR 检测电化学传感器进行对比，分析了本书中所构建的光、电及自供能传感器存在的优势与不足，为日后相关研究工作的继续开展提供支撑和指导。

第 8 章对现有成果做了总结，展望了未来的研究方向。

本书由常州工学院杜晓娇编著。 在本书编写过程中，编著者得到了江苏大学王坤教授的诸多有益指导和帮助；在氮杂石墨烯的文献收集过程中，还得到了本研究室研究生的协助，在此表示衷心的感谢。

由于作者水平有限，书中不妥之处在所难免，恳请读者批评指正。

编著者

2023 年 5 月

目　录

中文全称	英文全称	英文缩写
微囊藻毒素	Microcystins	MCs
微囊藻毒素-LR	Microcystin-LR	MC-LR
电化学发光	Electrochemiluminescence	ECL
光电化学	Photoelectrochemistry	PEC
联吡啶钌	Ruthenium tris(bipyridine)	$Ru(bpy)_3^{2+}$
电化学石英晶体微天平	Electr ochemical Quartz Crystal Microbalance	EQCM
适配体	Aptamer	—
光致发光光谱	Photoluminescence	PL
时间相关单光子计数	Time-correlated Single-photon Counting	TCSPC
最大输出功率	—	P_{max}
每日耐受摄入量	—	TDI
微囊藻毒素-YR	Microcystin-YR	MC-YR
微囊藻毒素-LA	Microcystin-LA	MC-LA
玻碳电极	Glassy Carbon Electrode	GCE
X射线光电子能谱	X-ray Photoelectron Spectroscopy	XPS
扫描电子图谱	Scanning Electron Microscopy	SEM
X射线衍射图谱	X-ray Diffraction Sepectrum	XRD
拉曼光谱	Raman Spectroscopy	—
电化学阻抗谱	Electrochemical Impedance Spectroscopy	EIS
透射电子显微图谱	Transmission Electron Microscopy	TEM
导电玻璃氧化铟锡	Indium Tin Oxide	ITO
N,*N*-二甲基甲酰胺	—	DMF
价带	Valence Band	VB
导带	Conduction Band	CB
光助燃料电池	Photo-assisted Fuel Cell	PFC
紫外漫反射光谱	—	UV-vis DRS

第1章

绪 论

1.1 微囊藻毒素概述

1.1.1 微囊藻毒素的形成、组成及危害

现代工农业生产的迅猛发展极大满足了人民日益增长的生活需求，提高了人民的生活水平，与此同时，未经处理，富含氮、磷等营养物质的工农业废水和生活废水流入到环境中，引起水体的富营养化，促使水中蓝藻大量迅速地繁殖生长并聚集在一起，造成“蓝藻水华”现象时有发生。蓝藻水华的爆发不仅会引起淡水生态系统的失衡，而且水体中的藻类细胞失活裂解产生的各种蓝藻毒素及其衍生物还会释放到水体环境中，造成水质下降，污染饮用水，威胁人和动物的饮水安全；更为重要的是，这些蓝藻毒素及其衍生物还能逐渐累积在水生动植物体内，影响水生动植物的身体机能，致使其中毒，并随食物链累积到动植物及人类，危害其健康[1,2]。

根据其毒性，蓝藻毒素分为两大类：①细胞毒素（cytotoxins），此类毒素不会直接致使生物死亡；②神经毒素（neurotoxins）和肝毒素（hepatotoxins），此类毒素毒性较强，可急性致死，其中肝毒素约占蓝藻毒素的40%～75%[3]。微囊藻毒素（MCs）就属于一类环状七肽肝毒素，是肝毒素中分布最广泛、出现频率最高、毒性最强的一类蓝藻毒素，具有致畸、致突变及致癌效应，与乙肝病毒和黄曲霉素一起合称为三大强致肝癌因子[2]。

MCs分子质量在1000Da左右，由七种氨基酸组成，基本组成结构式如图1.1所示[1]：Mdha为*N*-甲基脱氢丙氨酸；(2*S*，3*S*，8*S*，9*S*)-3-氨基-9-甲氧基-2,6,8-三甲基-10-苯基-4,6-二烯酸，简称Adda，是与毒性相关的特殊氨基酸单元；*β*-Me-Asp为D-赤-*β*-甲基天冬氨酸；Glu为异谷氨酸；ALA为丙氨酸；X、Y为两种可变的L-氨基酸，通过X、Y的变化衍生出种类丰富的MCs异构体，Y、L和R分别代表X位的酪氨酸（Tyr）、亮氨酸（Leu）和精氨酸（Arg）。

在至今已发现的一百多种MCs异构体中，常见的为微囊藻毒素-LR（MC-LR）、微囊藻毒素-RR（MC-RR）及微囊藻毒素-YR（MC-YR）三种，其中又属MC-LR毒性最强、检出最普遍[4,5]。MC-LR无色无味、挥发性低，物理性质非常稳定，耐热，在高达300℃的高温下依然能持久不分解、保持稳定；易溶于水，水中的溶解度可大于1g/L，不易沉淀或被固体颗粒物吸

附[6,7]。MC-LR的化学性质也非常稳定，耐强酸和强碱，具有抗pH变化特性；虽然是多肽类化合物，但常规的蛋白质水解酶并不能将其分解；一般的水处理工艺，如混凝、过滤、加氯等并不能彻底有效去除水中的MC-LR[8,9]。所以，在日常生活中常见的池塘、湖泊、水库等水体中常常不能完全杜绝MC-LR的存在，给生态环境、人类和动植物带来潜在威胁。因此，需要发展高效的检测方法对水中痕量MC-LR进行快速、准确的测定，密切关注其浓度变化，为蓝藻水华的早期预警提供技术支持。

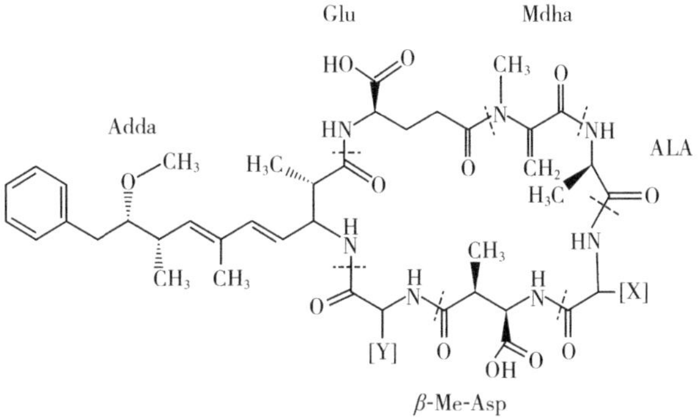

图1.1 肝毒素MCs的结构式[1]

MCs主要通过饮用被污染的水，食用采用污染水源灌溉、蓝藻泥施肥的农作物和蔬菜，食物链传递等途径累积进入生物体内，对其生命安全构成潜在的威胁。MCs对动物和人类均会产生毒害效应，不仅对肝器官呈现较强的毒性，还对心、肾、胃肠等器官产生一定的毒害作用。长期暴露在MCs中，可能会导致肝癌、心源性心脏病及胃肠炎等疾病，严重的甚至会造成死亡。MCs对动物和人类的危害机制主要表现为[10-13]：①主要以肝脏器官为靶点，通过胆酸转运系统进入细胞内，接着与细胞内蛋白磷酸酶结合，引起蛋白磷酸酶的活性降低，造成肝脏功能缺陷；②在谷胱甘肽转移酶的辅助下，其与谷胱甘肽（GSH）结合，形成加合物，发生脂质过氧化反应并造成细胞氧化损伤，同时还能促使细胞内钙离子浓度的升高，影响细胞的正常代谢过程；③造成DNA分子的规律断裂，影响细胞的正常分裂，进而影响基因表达。

1.1.2 微囊藻毒素的污染

水体与陆地之间存在多种物质和能量交换过程，因此MCs虽然由藻类释放并广泛存在于水体环境中，但依然对整个生态环境具有潜在危害性。MCs 污染的水源，不仅可以直接危害水生动植物，影响水产品的品质，也会进一步通过灌溉、施肥、溢流等途径进入农田土壤，污染土壤，对农作物及农产品品质产生损害，进而影响人体健康[14,15]。面对着 MCs 对农产品的污染呈现越来越严峻态势的现状，MCs 对农产品潜在危害的深入全面研究，近些年已经成为世界范围内的研究热点。

1.1.2.1 微囊藻毒素对土壤的污染

水体中的藻细胞一旦转移到陆地，随着细胞死亡破裂，大量 MCs 将释放出来，在土壤中残留累积并对相关动植物产生影响。只有深入了解 MCs 进入土壤后可能产生的危害，才能更好地衡量其对整个土壤生态环境的影响及其对相关动植物的安全风险。根据欧洲化学品管理局相关推荐方法推测的在环境土壤中 MCs 的无效应浓度（PNEC）为 13.7μg/kg[16]。调查研究结果表明，太湖蓝藻污染的周边地区在通过人工湿地系统后，在农田土壤和农作物中均发现了 MCs 的存在，检出量高达几十 μg/kg 和数百 μg/kg；研究者对我国几大蓝藻水华频发区域云南滇池和江苏太湖周边区域的农田土壤进行调查，均发现了 MCs 的存在，且大部分的检出量高于土壤无效应浓度[17]。MCs 在水中溶解度较高，因而在进入土壤后容易在其中残留、累积引发多重潜在危险。一方面通过雨水流到地表甚至地下水中，直接污染水源[18]；农作物和牧草等陆地生长的植物，会吸收和累积被污染农田土壤中的 MCs，影响植物的正常生长，危害有序、健康的自然环境[19]。另一方面，人类和动物在食用这些被 MCs 污染的水源和农作物后，给自身带来不可忽视的健康风险[20]。然而，目前对于农田土壤中 MCs 的相关研究尚未广泛展开，对农田土壤中 MCs 可能带来的环境问题的认识还较为薄弱，迫切需要该领域研究者投入更多的关注和精力对其进行全面、深入的探究。

1.1.2.2 微囊藻毒素对农作物的污染

在我国现阶段的农业生产实践中，农业灌溉水源依然主要来自自然环境中的河流和湖泊，不仅如此，蓝藻藻泥也越来越多地作为肥料直接施用到田地中。如此一来，污染水环境中的蓝藻毒素被带入农田，势必会对生长在田地上的农作物产生污染。Li 等[21]研究表明，蓝藻水华爆发地区使用被污染水体灌溉的农田蔬菜普遍测出MCs的存在，其含量达几十到几千μg/kg。Chen等[22]对水稻和甘蓝型油菜两种不同农作物暴露在MCs后的残留情况进行了考察，发现在水稻和甘蓝型油菜的根、茎和叶内部都有MCs的残留；在经相同浓度MCs的处理后，油菜内部MCs的累积量高于水稻内部，当油菜和水稻种子暴露在低于饮用水安全标准1μg/L的MCs的条件下，依然可以明显地观察到其发芽和生长过程被抑制。McElhiney等[23]采用酶联免疫法在茄子、菜豆等可食用植物中直接检测到MCs的存在。Järvenpää等[24]对花椰菜和芥菜的幼苗用含有MCs的水源进行灌溉后，在这两种蔬菜幼苗的根部均检出了MCs。Chen等[25]对太湖周边农田土壤种植的水稻进行采样调查，在其谷粒里发现了MCs的残留。Mohamed等[26]在其所在地区的地下水中检出了MCs，而经这些地下水灌溉的周边土地上种植的萝卜、生菜、卷心菜等六种常见蔬菜的内部都发现了MCs的存在。Codd等[19]通过对生菜的研究发现，在低浓度的MCs暴露的情况下，依然存在较高的食用安全隐患。

进一步的研究结果表明，MCs对农作物的种子发芽、个体生长、生化性质等生理指标均会产生影响，且不同作物的耐受性存在明显差异[27-30]，如马铃薯、菠菜和小麦对MCs的污染较为敏感，较低浓度的MCs即会让它们的生理指标产生明显变化；而甘蓝型油菜和水稻则对MCs的污染表现出较强的耐受性，暴露在高达24μg/L的MCs下，其生理活性依然基本不被影响。具体说来，MCs对植物的影响与对动物的类似，都会对蛋白磷酸酶的活性产生抑制作用，诱导活性氧（ROS）基团的产生，造成植物生理和分子水平的损伤，从而妨碍植物对营养成分的吸收、传递及自身对外界损害的抵抗能力，影响其根系的生长环境、光合作用及蒸腾作用，最终促使植物产量减少、实用价值降低[31-33]。

综上所述，MCs已对很多农作物造成了污染，能够对很多陆生植物的生长造成影响，引起其产量和产出质量的下降。根据人类的正常饮食习惯，人类通过食用农作物的可食部分而造成的MCs在体内的累积量已经大大超过其能够承受的水平。由此，MCs对农作物的污染已经到了不可忽视的地步，理应引起人们的紧密关注。

1.1.2.3 微囊藻毒素对水产品的污染

水产品是人类获取动物蛋白的重要来源，我国是人口大国，也是世界上水产品生产和消费的重要国家，因此，水产品的品质对我国农产（食）品的安全具有重要意义。现有研究结果表明，MCs可在淡水水生植物、螺类、贝类、鱼及虾等多种水产品中累积，通过食物链间接对人类健康产生不良影响[34,35]。Magalhases等[36]通过对巴西浅海岸湖中的鱼进行连续3年的研究，发现即使在藻类水华减退时期，人每日食用的鱼肉在体内累积的MCs含量也接近甚至超过世界卫生组织（WHO）推荐的每日可耐受摄入量（TDI），而在藻类水华爆发时期竟可达到TDI的42倍。谢平[37]从我国安徽巢湖区域获取的鱼的肝、肾和肌肉等组织中均发现了MCs的存在，且肝和肌肉中含量由高到低依次是肉食性鱼、杂食性鱼、浮游动物和草食性鱼。吴幸强等[38]对从滇池中采集的鲢鱼、鳙鱼和草鱼等的内脏和鱼肉组织中的MCs含量情况进行了考察，在其中均检出了MCs的残留，鱼肉中的MCs检出量虽低于TDI，但对人体健康仍然具有潜在风险。贾军梅等[39,40]对太湖水体中MCs在鲢鱼、鲫鱼和鲤鱼体内的累积情况和健康风险等方面进行了综合考察。研究结果表明，三种鱼的不同器官中均检测到MCs不同程度的累积，其中MCs在鲫鱼和鲤鱼肌肉组织中的累积量均超过TDI，具有潜在的健康风险。

虽然蓝藻水华发生在淡水水体，但其产生的MCs经陆地径流转移到近海海域，也能够污染海洋生物，如贝类，并经由食物链的富集累积作用，引起海洋动植物中毒；另外，海洋贝类也是沿海居民的日常食物[41]。因此，海洋环境中MCs的污染对人类健康的潜在威胁不容小觑。2015年，汪靖等[42]的研究表明，在福建省沿海区域的厦门、莆田等不同市场上收集的花蛤、紫贻贝、缢蛏及牡蛎这四种海产贝类中均检出了MC-YR的存在，其中缢蛏和牡蛎更是遭受了三种MCs的同时污染。

水生动物长时间生活于MCs污染的水体环境中会遭受不同程度的损害。研究结果显示，MCs主要通过与蛋白结合的形式在鱼的肝脏等组织中迅速累积，随后虽可通过这些组织被消化，但也会使这些组织受到损伤。Lance等[43]在用MCs对椎实螺进行处理后，检测到MCs在其体内产生富集，造成椎实螺的消化腺和肾均受到损伤；Liu等[44]发现MCs对泥鳅胚胎有很强的致畸作用；Molina等[45]发现，MCs能够诱导罗非鱼体内产生ROS，致使肠和肝脏等器官结构发生病变。

综上所述，近年来我国蓝藻水华频发，所引起的MCs污染越发严重，我国水产品中出现MCs情况变得越来越普遍。目前，人们对于海洋水产品中MCs污染的潜在危害还没有充分认知。在部分水华污染严重的地区，MCs在水产品中的残留量已经远远超过了TDI水平。因此，急需对水产品中的MCs

制定相关安全限量标准，进行全面的风险评估，并发展有效、便捷的检测方法对其实施监控。

1.1.3 微囊藻毒素-LR的安全标准、检测方法及发展趋势

由于分布最广，急性毒性又强，MC-LR目前已成为有机污染物的检测项目之一。WHO结合人体标准体重和每天饮水量两方面进行综合考量，对水体中MC-LR的安全标准做了统一规定，安全值为1.0μg/L，人体TDI为0.04μg/kg；最新发布的《生活饮用水卫生标准》（GB 5749）中，对以MC-LR为代表的蓝藻毒素在地表水和生活饮用水的限定值也是1.0μg/L[46-48]。然而，现阶段在国内和国际上，尚未制定对于农产（食）品中MC-LR含量的有关安全标准。因此，急需制定相关卫生限量标准，便于对农产（食）品中的MC-LR进行切实的风险评估。

1.1.3.1 微囊藻毒素-LR的常规检测方法

目前，MCs的检测方法主要是以分布最普遍、毒性最强的MC-LR为研究对象建立的。现阶段的MC-LR监测技术大致有以下三种[49]。

① 生物学检测方法：包括动物毒性试验、细胞毒性试验和植物毒性试验，该方法是最早被用于检测MC-LR的方法，主要通过急性毒性试验的方式实施检测。

② 生物化学分析法：主要包括酶联免疫测定（ELISA）和蛋白磷酸酶抑制测定（PPIA），该方法主要是基于抗原和抗体间特异性识别作用来对MC-LR实施检测。

③ 物理化学检测法：高效液相色谱（HPLC）、质谱（MS）、液相色谱-质谱联用（LC-MS）、毛细管电泳（CE）、薄层色谱（TLC）和核磁共振等。

总而言之，相关领域研究者对MC-LR检测方法的探究已经广泛展开，并取得了丰硕的成果。这些基于生物、物理及化学等不同学科发展的检测方法，具有各自的优点、局限性及适用范围（见表1.1）。针对现有检测技术的优势与不足、水体环境的多样性以及越来越多MCs的异构体不断发现，发展更便捷、高效的新型MCs检测方法，对水源和农产（食）品质量进行有效的跟踪检测，是现阶段和未来的研究热点。

表 1.1　MC-LR 不同检测方法的比较

分析方法	适用范围	检出限	优点	局限性
生物学检测方法	反映 MCs 总体毒性	通过 LD_{50} 衡量	操作简单；检测快速直观；可用于检测新的 MCs	用量较多；工作量大；灵敏性、专一性不高；很难进行定量分析；伦理问题
ELISA	常用于 MCs 监测的前期扫描，为其主要方法	0.1ng/L	选择性好；灵敏度高；试剂盒的出现方便了操作	需要广谱抗体用于检测多种 MCs；试剂盒的标准不统一，使得其可靠性降低
PPIA	用于总量和总体毒性的测定	2.5ng/mL	简单；迅速；高灵敏度；定量范围广	不能区分同系物；放射性废物处理困难；检测结果可能偏低
HPLC	可用于多种 MCs 的精确分析	10～20ng/mL	准确；重现性高	灵敏度低；耗时；设备昂贵；需要昂贵的标准样品
LC-MS	不同种类 MCs 的定性和定量分析	0.5ng/mL	快速；灵敏；无需标准样品	设备昂贵；操作复杂，技术含量高；预处理复杂
TLC	可做定量测定，但不常使用	1μg/L	设备简单；操作简单；快速；灵敏度较好	易受水中其他干扰物干扰

1.1.3.2　农产品中 MCs 的检测方法的研究现状

我国于 2006 年发布了水中 MCs 检测方法的国家标准，其中采用酶联免疫方法（ELISA）和高效液相色谱（HPLC）作为具体实施技术手段[27,50]。20 世纪 80 年代，ELISA 法开始应用于水体中 MCs 的检测，目前该方法已被广泛应用于水产品中 MCs 的研究。2010 年，李旭光等[51]通过 ELISA 法对太湖罗非鱼体内 MCs 的含量进行了考察，检测灵敏度达 0.1ng/mL。HPLC 法作为一种灵敏度较高（可达 0.1ng/mL）的 MCs 检测方法，也被国家标准所采用，广泛地应用到水体品质的检测中。2011 年，陈海燕等[52]采用该方法对鳙鱼中 MCs 的含量进行了测定，其检出限可低达 0.25～2.5ng/g。然而，由于农产品中 MCs 含量普遍偏低且成分复杂，因此，在将此方法应用于实际农产品的检测时，其检测灵敏度会大大降低。

为了进一步提高检测方法的抗干扰能力和灵敏度，越来越多的科研人员使用高效液相色谱-质谱联用法（HPLC-MS）取代 HPLC，作为分析复杂生物源样品的技术手段。2014 年，为了实现对水产品中七种 MCs 的同时检测，杨振宇等[53]采用 HPLC-MS 法进行探究，结果表明检出限可低至 0.5ng/g。由此可见，HPLC-MS 在实际应用中具有更高的灵敏度。目前，由于 HPLC-MS 检测方法在 MCs 监控领域的应用越来越普及，HPLC-MS 法已经成为现阶段研究农产品中 MCs 的主要方法[27]。为了更好地评估现阶段农产（食）品中 MCs 的检测方法，对其从原理、优点、局限性和适用范围等方面进行比较分析，具体结果如表 1.2 所示。

表 1.2 农产（食）品中用于检测 MC-LR 的不同方法的比较

分析方法	原理	优点	局限性	适用范围
高效液相色谱法	该方法使用 C_{18} 固相萃取小柱对样品中的 MCs 进行富集，然后用一定比例水和甲醇淋洗，最后用三氟乙酸酸化的甲醇洗脱，收集洗脱液	灵敏度较高	①由于农产品中 MCs 含量低以及基质物质成分复杂，因此该方法应用于农产品时灵敏度会显著降低；②需要稀缺和昂贵的 MCs 标准品，提高了检测成本	多被应用于 MCs 的快速筛查和定性检测
酶联免疫法	主要借助抗原抗体特异性结合的原理来对 MCs 进行检测	灵敏度高、操作简单	不能识别不同 MCs 的类型，只能对 MCs 的总量进行检测，检测结果均换算为 MC-LR 的含量	可用于 MCs 监测的前期扫描
液相色谱-质谱联用法	以液相色谱作为分离系统，质谱为检测系统。样品和流动相分离，进一步被离子化后，经质谱的质量分析器将离子碎片按质量数分开，经检测器得到质谱图	高选择性、高灵敏度和抗基质干扰能力；不使用标准品	设备昂贵；操作技术含量高	生物源样品的检测

1.2 电化学传感器在微囊藻毒素-LR检测中的应用研究进展

相较于传统分析方法，电化学检测方法具有操作简单、成本低、分析时间短和灵敏度高等优点，已经引起了广大分析科学工作者的研究兴趣[54]。电化学生物传感器是一类将电化学换能器和生物活性材料有效结合得到的新兴电子仪器。其具体工作原理如下：以目标检测物为敏感中心，电极为转换结构单元，通过电化学工作站将电极界面的化学或生物相关信息转换成电压、电流及电阻等电学信号，经放大后实现信号输出（图1.2）[55]。电化学生物传感器主要通过将电化学传感技术和酶、免疫和核酸适配体三种技术结合来实现。近年来，多种电化学生物传感方法已经发展并成功应用到MC-LR检测中，如电流法[56-62]、电化学阻抗法[63,64]、电化学发光（ECL）法[65]以及光电化学（PEC）法[66-71]等。在发展电化学生物传感方法用于MC-LR检测的初始阶段，电流法是分析工作者的主要研究手段。近年来，一些新兴的电化学传感技术如ECL和PEC，由于其在分析化学领域出色的表现，逐渐被分析工作者应用到MC-LR的检测中，取得了重要的研究进展。本节重点介绍ECL传感器和PEC传感器在MC-LR检测中的应用。

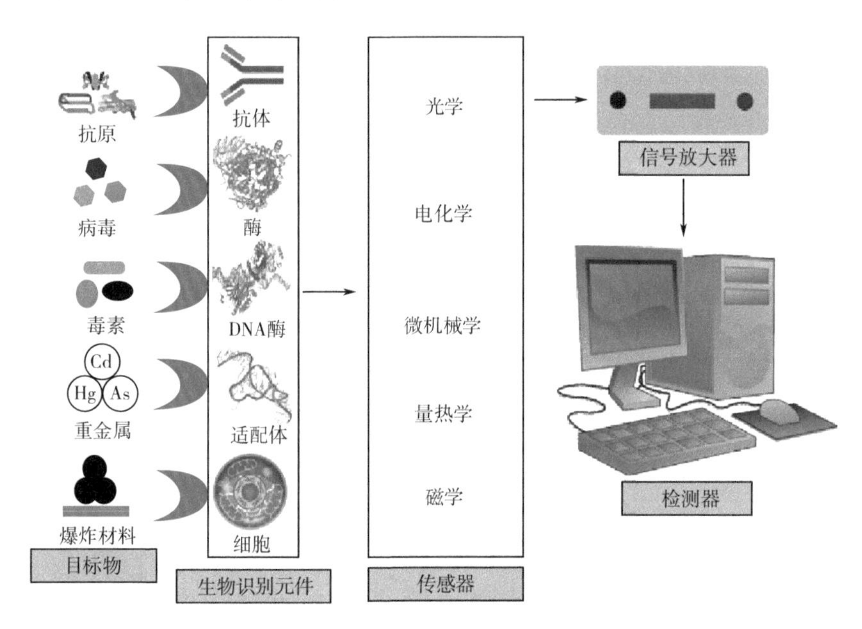

图1.2　电化学生物传感器的机理图及其基本组成[55]

1.2.1 电化学发光传感器在MC-LR检测中的应用

电化学发光（electrochemiluminescence）传感器，也称作电致化学发光（electrogenerated chemiluminescence）传感器，二者均可简称为ECL，是一种在化学发光（CL）技术基础上发展起来的将电能转化为光能的分析技术，具体原理为：对含有化学发光能力物质（发光体）的体系施以外加的电激发作用，促使产生某种新物质，该物质能与体系中某种组分（共反应剂）反应或自身直接接收电激发提供的能量发生氧化还原反应，从而获得能量形成激发态的发光体，激发态发光体不稳定又自发回到基态时即产生发光（图1.3），在光电倍增管等光学仪器的辅助下采集发光波长相关光谱和信号强度图谱，并建立其与待测物关系，从而实现微量分析的一种方法[72]。ECL分析方法是化学发光和电化学传感方法的结合，因而具有以下显著优点[73-75]：

① 反应可控，时空可控性好；

② 背景信号低、信噪比高、灵敏度高及检测范围宽；

③ 重现性好，具有高的检测可靠性；

④ 仪器简单、操作简便、分析速度快，便于与其他技术耦合，如毛细管电泳（CE）、流动注射（FIA）等，易实现自动化，有利于推广和普及。

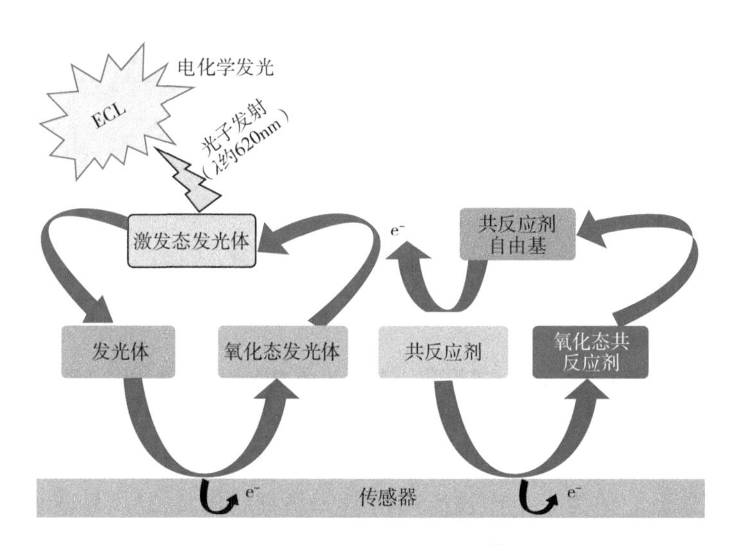

图1.3 ECL的发光机理[72]

历经近几十年的发展，ECL分析法迅速崛起，并已然发展成为一种强有力的分析手段，被广泛应用于免疫检测、临床诊断与检测、生化试剂检测，尤其是农产（食）品安全与环境检测等诸多领域[76-77]。

关于ECL技术在农产（食）品中MC-LR检测方面的应用研究近些年才刚开始，已经发表的工作可以说是凤毛麟角，但优势已初步显现。例如，Zhang等[65]通过电沉积法在玻碳电极表面沉积金纳米粒子作为基底与第一抗体（Ab_1）结合，制备的硫化镉量子点（CdS QDs）与第二抗体（Ab_2）结合后作为ECL信号探针，发展了一种三明治夹心型ECL免疫传感器，并成功应用于MC-LR的检测（图1.4）。研究结果表明，在高压激发下，发光体分子CdS QDs和共反应剂过硫酸钾之间的电子迅速转移，成功形成了一个稳健的ECL平台，便于进一步用于MC-LR的分析检测。所构建的ECL免疫传感器在用于MC-LR检测时表现出高的选择性和灵敏度，检出范围为0.01～50μg/L，检出限为0.0028μg/L。不仅如此，该传感器还呈现出良好的稳定性和重现性，将其应用于实际样品中MC-LR的检测时，具有与传统的HPLC方法相匹敌的准确性和灵敏度，而所需分析时间比HPLC检测方法更短，在实际应用中具有独特的优势。

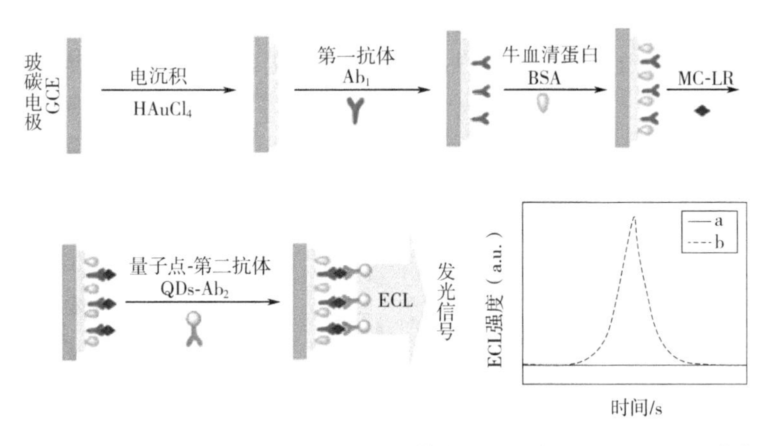

图1.4 用于MC-LR检测的ECL免疫传感器的制备过程和检测机理[65]

近十年来，ECL分析技术越来越为分析工作者所关注，相关出版物的数量也在逐年攀升，成为一个比较热门的研究领域（图1.5），目前正朝着高特异性和灵敏度、低检测电位、普适性及水相检测的方向稳健发展。然而，现阶段ECL方法用于MC-LR的检测研究极为少见。鉴于研究者在多样的ECL发光体系（如传统的有机物发光体和新兴的半导体发光体）和各种传感机制（如共振能量转移、上转换、比率检测）等方面在其他分析领域已经取得不凡的成就，进一步建立高灵敏度、高选择性的 ECL 分析方法用于 MC-LR 的检测研究，尚有诸多发展空间。

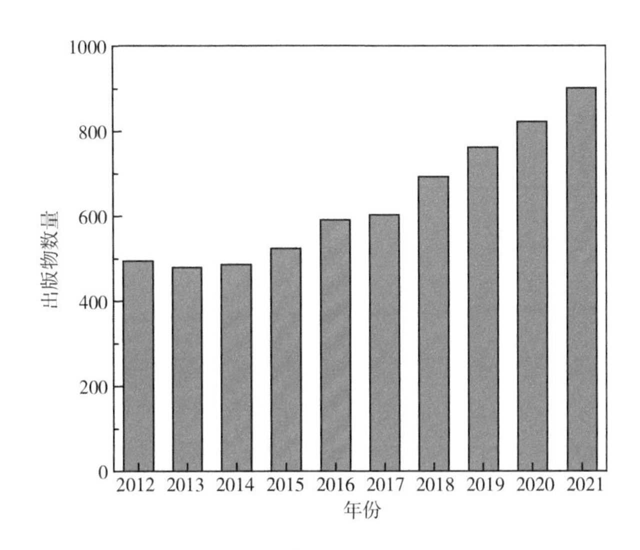

图 1.5 Thomson ISI Web of Science 检索结果反映的 ECL 分析技术近十年的出版情况

1.2.2 光电化学传感器在 MC-LR 检测中的应用

光电化学(photoelectrochemistry，PEC）传感器是利用光激发后的光敏感材料、电极与目标检测物之间的电荷分离和转移过程，实现光能转换为电能的一类检测装置[78]。PEC 传感器有电位型和电流型两种，电位型 PEC 传感器一般指代光寻址电位传感器，目前更多的研究集中在电流型 PEC 传感器，其基本原理如图 1.6 所示：光敏感材料与目标检测物发生识别作用后，其光电流信号产生变化，且与目标检测物浓度之间存在一定的依赖关系，通过此依赖关系，实现 PEC 分析方法的具体检测过程[79]。

其具体检测过程与 ECL 传感器相反，PEC 传感器以光作为激发源，检测信号为电信号，两种不同的能量形式，实现激发光源和检测装置的分离和互不影响，由此兼具光学和电化学传感器的优势：

① 与光学方法比，设备简单廉价，易于实现一体化和微型化；

② 与传统电化学方法比，背景信号低，具有更高的灵敏度，可与 ECL 传感器相媲美。

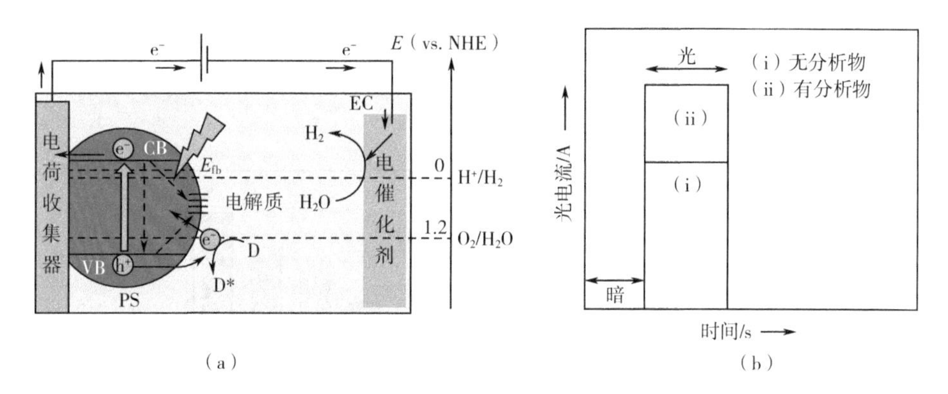

图 1.6　PEC 传感器的检测机理（a）和有无目标分析物时的光电流响应（b）[79]

由于这些显著优势，近年来 PEC 传感器在识别生物分子和分析检测方面有着突出的表现和广阔的应用前景，已成为热门研究领域之一，在分析化学中有着潜在的应用价值，被广泛应用于免疫分析、酶传感农药残留及各种有害物质等的检测[80]。此外，纳米科学的蓬勃发展给 PEC 传感器带来了新的发展契机。PEC 传感器具有较好的灵敏度和稳定性，通过与免疫技术、分子印迹及适配体技术结合，并以纳米科学为敏感元件研究基础，已成功发展了相应的 PEC 传感器，应用于蓝藻毒素 MC-LR 的选择性检测[81]。

例如，Tian 等[66]将 PEC 与免疫分析技术结合，利用具有良好生物相容性的石墨烯量子点（GQDs）修饰的高定向硅纳米线（SiNWs）杂化材料作为信号传导元件和抗体（Ab）的固定基底，构建了一种信号关闭（“Signal-Off”）型的 PEC 免疫传感器，应用于 MC-LR 的检测（图 1.7）。研究结果表明，与单一的 SiNWs 相比，GQDs/SiNWs 杂化材料呈现出更好的光电化学活性。目标物 MC-LR 与抗体特异性结合后，抑制了 GQDs/SiNWs 的光电化学活性，从而使得光电流信号减小。所构建的 PEC 免疫传感器在 MC-LR 浓度为 0.01～10μg/L 范围内呈现出良好的线性相关性，检出限为 0.055g/L。该 PEC 免疫传感器还具有较好的重现性和稳定性，应用于环境水样中 MC-LR 的检测表现出较好的回收率，具有良好的实际检测可靠性。

Liu 等[69]将 PEC 与分子印迹技术结合，制备了表面分子印迹功能化的 TiO_2包覆的多壁碳纳米管（MI-TiO_2@CNTs）纳米材料（图 1.8），并基于此作为光电转换材料构建了 PEC 传感平台，实现了对 MC-LR 的高选择性和灵敏度的检测。对比研究结果表明，TiO_2@CNTs 纳米材料比单一的 TiO_2具有更

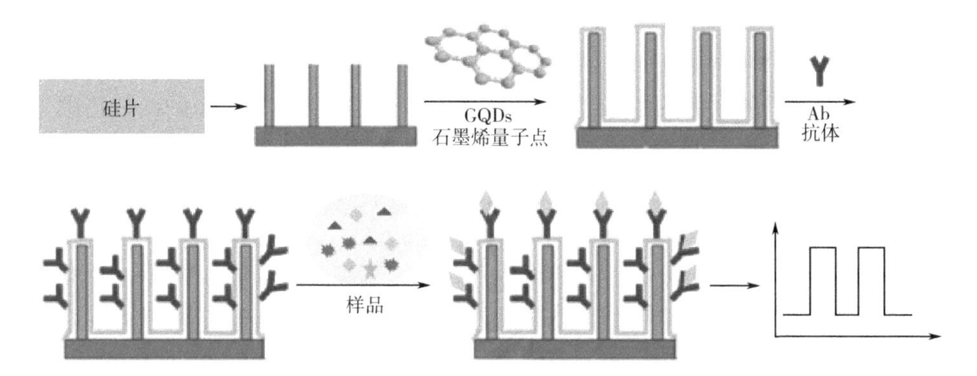

图 1.7 基于 GQDs/SiNWs 构建的 PEC 免疫传感器用于 MC-LR 分析[66]

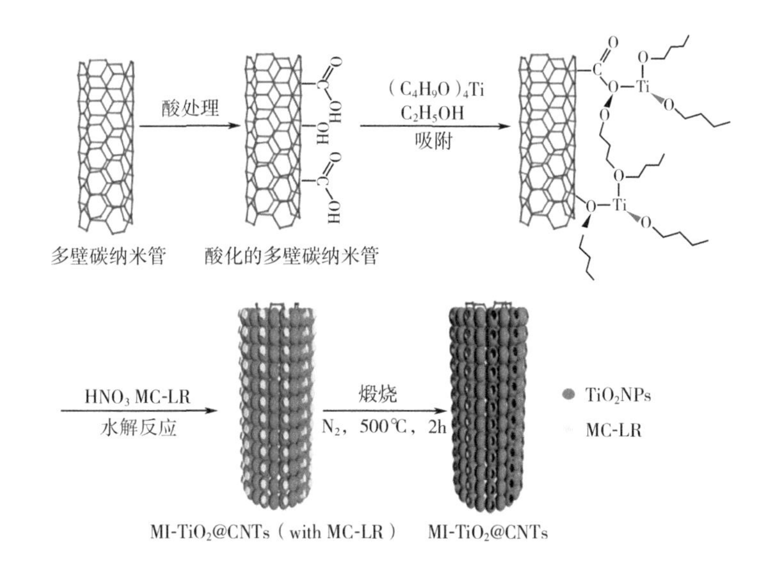

图 1.8 MI-TiO_2@CNTs 纳米材料的制备过程[69]

强的可见光吸收能力，对 MC-LR 也表现出更强的光电氧化能力，因而在用于 MC-LR 检测时呈现出更高的灵敏度。利用此原理检测 MC-LR，检测范围为 1.0pmol/L～3.0nmol/L，检出限为 0.4pmol/L。所构建的分子印迹 PEC 传感器不仅具有较高的灵敏度，还具有较好的选择性，进一步将其应用于环境水样的检测也取得了令人满意的结果。

最近，Liu 等[71]将 PEC 与适配体传感技术结合，将“Z-scheme”型异质结 CdTe-Bi_2S_3 纳米材料作为可见光响应的光电活性材料，通过分子间化学键作用固定 MC-LR 的适配体分子，构建了一种可选择性检测 MC-LR 的 PEC 适配体传感平台（图 1.9）。研究结果发现，由于内部形成“Z-scheme”型异质结，CdTe-Bi_2S_3纳米材料能够显著增强其光生电荷的分离能力，从而使光电流信号显著增强。在最优条件下，该 PEC 适配体传感器对 MC-LR 的线性范围为 0.01～100pmol/L，检测限低达 0.005pmol/L。另外，对实际水样品中 MC-LR 的分析结果说明，该 PEC 适配体传感器表现出令人满意的回收率，在实际应用中取得了良好的效果。

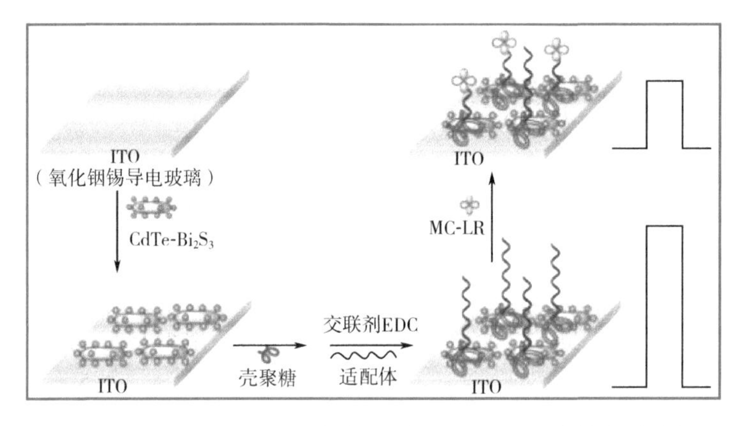

图 1.9　基于 CdTe-Bi_2S_3异质结研制的 PEC 适配体传感器制备与用于 MC-LR 检测的过程示意图[71]

上述研究成果表明，在 MC-LR 的检测方法中，PEC 传感器是一种新兴的传感技术。进一步设计和制备具有优良光电转换能力的纳米材料，对构建新型 PEC 传感平台用于 MC-LR 的高选择性和高灵敏度检测，具有非常重要的作用。现有的研究报道已成功建立高效 PEC 分析方法用于 MC-LR 的定量分析，并成功用于实际水样的检测，但其在农产（食）品中 MC-LR 的检测应用研究还没展开。因而开发和研究高性能的光电转换材料，构建新型 PEC 功能传感界面，对于进一步提高 MC-LR 检测的灵敏度和拓展其适用范围非常有意义。

1.2.3　适配体传感器在微囊藻毒素-LR 检测中的发展前景

核酸适配体是单链 DNA 或 RNA，一种通过指数富集（SELEX）方法筛选出的可特异性识别目标物的随机序列。它具有易合成、目标物品种多、易标记及性质稳定等特点，在生物传感领域受到广泛关注。2012 年，Mohammed Zourob 研究团队首次筛选出了 MC-LR 的核酸适配体[82]。随后，Lin 等[63]基于此适配体序列，利用化学键 Au-S 键合作用将其固定在电极表面，研制了一种简单的阻抗型适配体传感器，成功用于对 MC-LR 的选择性和定量检测。自此，基于适配体分子特异性识别原理，分析工作者翻开了 MC-LR 检测的新篇章。紧随其后，研究人员利用电化学（如前两节所述的电流法、ECL 和 PEC 等）、荧光和比色等技术手段[83-86]，设计了几种适配体传感器，实现了对 MC-LR 的分析检测，取得了较好的研究成果，然而相关研究还处于起步阶段。由此，基于适配体传感器具有得天独厚的优势，进一步开展适配体传感技术在 MC-LR 检测方面的应用研究具有理论可能和重要意义。

1.3　氮杂石墨烯基纳米材料在电化学传感器中的应用研究进展

氮杂石墨烯（NG）是通过对石墨烯进行化学掺杂改性，调整其结构和性能，从而实现更多应用可能的石墨烯基纳米材料[87,88]。与石墨烯相比，NG 具有诸多优势[89-91]，如：①导电能力强，载流子的传输速率快；②能够有效地阻碍光生电子-空穴对的重组，在光电化学领域有着良好的应用前景；③由于氮原子存在孤对电子，能够与金属离子发生络合作用形成配位键，为人工模拟酶的生成和应用提供了可能。NG 作为一类新兴的碳纳米材料，由于其优异的物理化学性能，在催化、储氢及分析传感等领域有着非常重要的应用。最新研究发现，将 NG 和相应纳米材料耦合，可有效改善材料的本身性能，产生协同效应，在电化学传感领域展现出更优异的应用前景[88]。

1.3.1　氮杂石墨烯基纳米材料在 ECL 传感器中的应用研究

研究者将 NG 基纳米材料与 ECL 技术结合，设计了一系列 NG 基纳米材料，并进一步开展了其在 ECL 传感器中的应用研究，取得了一些有益结果[92-97]。研究发现，将 NG 与 ECL 发光体结合可显著改善发光体的 ECL 发光性能。Jiang 等[93]采用一步热处理法得到了氧化锌纳米晶/NG（ZnO/N-GR）纳米复合材料（图 1.10）。结果表明，ZnO 纳米晶是一种典型的半导体 ECL 发光体，复合后的 ZnO/N-GR 电子转移能力大大增强，ECL 发光信号也大大增强。基于此构建 ECL 传感界面，建立的高效 ECL 方法可用于五氯苯酚（PCP）的灵敏检测。该 ECL 传感器测定 PCP 的检测范围为 0.5pmol/L～61.1nmol/L，最低检出限可以达到 0.16pmol/L。

进一步的研究表明，NG 不仅能加速纳米材料的电子传导能力从而增强其

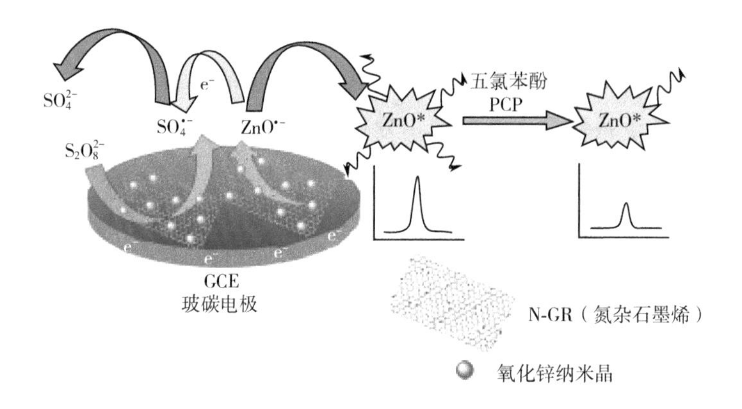

图 1.10　基于 Nafion-ZnO/N-GR/GCE 构建 ECL 平台用于 PCP 的检测[93]

ECL 信号强度，还能有效提高其信号的稳定性。例如 Jiang 等[94]将非常不稳定的光敏材料 AgBr 与 NG 耦合，发现 NG 的引入，不仅增强了 AgBr 的发光信号，更是大大提高了其稳定性（图 1.11）。基于 AgBr-NG 纳米复合材料产生的强烈且稳定的 ECL 信号，成功研制了一种检测重金属离子 Pb^{2+} 的 ECL 传感器。该传感器在实际样品的 Pb^{2+} 含量的检测中表现出较好的应用潜力。

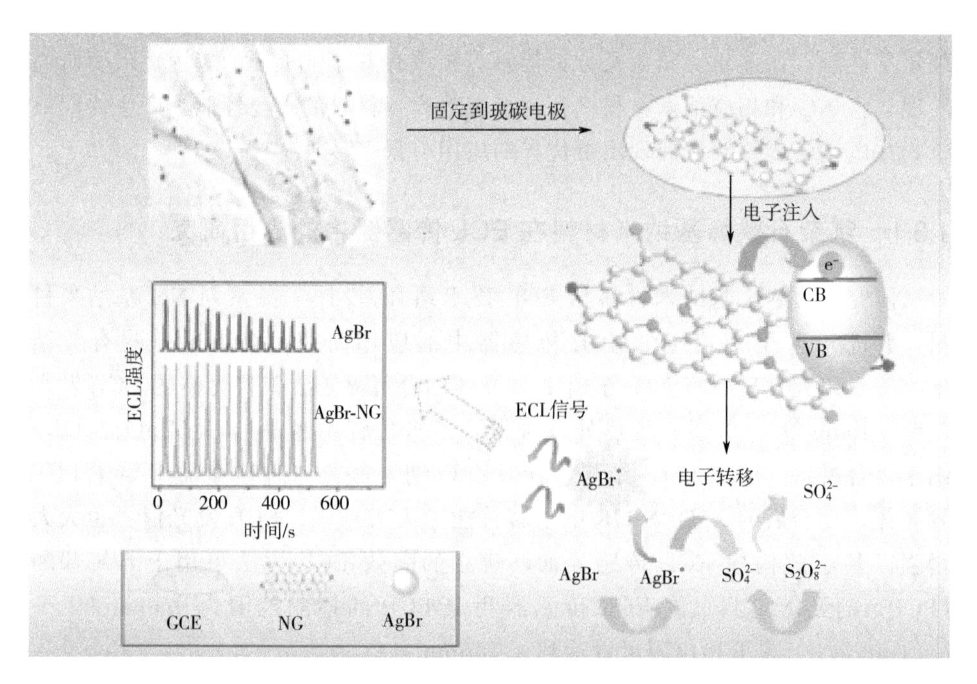

图 1.11　AgBr-NG 与基底电极（玻碳电极）在 ECL 体系的电荷转移过程和发光机理[94]

另外，当NG剥离处理至纳米尺寸，即得到氮杂石墨烯量子点（NGQDs）。经研究发现，NGQDs不仅拥有NG纳米材料优异的物理化学性能，由于其已达到较小的纳米尺寸，因而具有独特的光化学性质，如高的电导率和电催化活性、低毒性、良好的生物相容性等[98]，在诸多领域有着广泛的应用前景。近期研究结果表明，NGQDs本身就是很好的ECL发光体，基于此研究者们将其进一步改性（杂原子掺杂、与其他纳米材料复合等），发展了一些NGQDs基ECL新体系，应用于构筑ECL传感平台，扩展了其在ECL检测领域的应用[99-101]。

上述研究结果表明，NG及其衍生纳米复合材料在提高ECL传感性能方面的优势已经显现，但是其在分析化学领域中的应用研究尚处于起步阶段，迫切需要研究人员投入更多的时间和精力去探索和开发。

1.3.2 氮杂石墨烯基纳米材料在PEC传感器中的应用研究

近年来，研究人员将NG基纳米材料与PEC传感技术有效结合，设计了一系列NG基纳米材料，并进一步开展了其在PEC传感领域的应用研究，取得了一些有益结果[102-109]。如Zhou等[105]采用一步热处理法将NG与TiO_2复合得到NG-TiO_2纳米复合材料，并以此为基础构建PEC适配体传感平台用于双酚A（BPA）的专一和超灵敏检测。对比研究结果表明，引入NG后，TiO_2的光生电子-空穴分离速率加快，PEC性能大大提升，有利于进一步应用于超灵敏传感平台的构建。所构建的BPA适配体传感器对BPA的检测甚至可以达到fmol/L（10^{-15}）数量级，在农产（食）品安全分析领域具有不可估量的应用前景；Jiang等[106]基于此研究结果，进一步将具有表面等离子（SPR）效应的Ag纳米粒子引入NG-TiO_2纳米复合材料，构建了一种“开-关-开”检测构型的PEC适配体传感器，应用于重金属离子Pb^{2+}的检测（图1.12）。研究结果表明，由于Ag纳米粒子的SPR效应，TiO_2的电荷分离效率进一步加强，PEC性能显著改善。在最优条件下，该PEC传感器的测定范围为1pmol/L～5nmol/L，检出限可达到0.3pmol/L，在食品和环境水样分析中均取得了良好的效果。

综上所述，PEC传感器具有检测灵敏度高、便于操作、仪器简单等优势，已应用于生物学、医药学、环境和农产（食）品分析等诸多领域。在纳米科学稳健发展的新时期，通过对PEC分析法和纳米科学的交叉、渗透研究，氮杂石墨烯基纳米材料必将在PEC传感领域发展更多的应用。

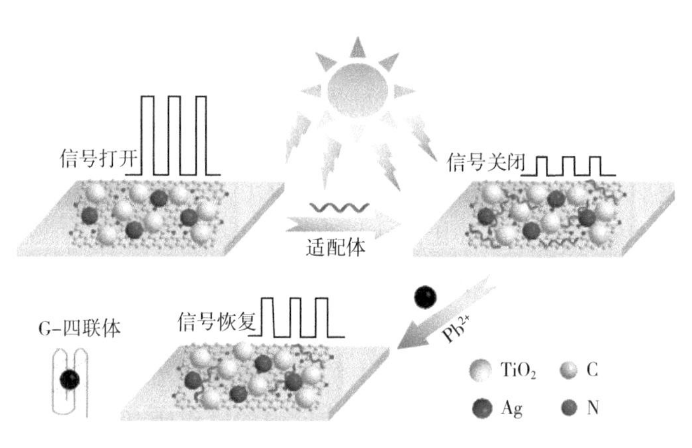

图 1.12　PEC 适配体 Pb^{2+} 传感器的制备和检测示意图[106]

1.3.3　氮杂石墨烯基纳米材料在自供能电化学传感器中的应用研究

自供能型电化学生物传感器是一种新型传感器，相对于传统的电化学生物传感器，它最大的特点是无需外加电源，通过将目标分析物的浓度变化转换为电源信号（如开路电压、电流密度或功率等）的改变，并根据二者的相关性来实现新型的电化学传感应用。这一新型传感器最早是由以色列科学家 Katz 和 Willner 等[110]提出的，他们分别选用葡萄糖和乳酸为燃料，构筑生物燃料电池，并分别实现了其自供能传感平台的构建。此概念一经报道，立刻引起了环境检测、农产（食）品安全、生物医学等领域相关研究人员的广泛关注，这源于其在推动传感器微型化、便捷化和低成本化等方面的独特优势[111,112]，如：

① 无需外加电源，仅用阴/阳两电极实现电化学检测，利于微型化；

② 简单的电压表/电流表即可输出检测信号，降低了设备成本，易于实现检测便捷化；

③ 由于未施加额外电源，避免了一些电活性物质在电极表面的反应，提高了传感器的特异性。

目前自供能电化学生物传感器研究主要是通过生物质燃料电池（biomass fuel cell，BFC）途径实现的。而 NG 基纳米材料在自供能电化学传感器中的应用研究近几年才刚起步，但已经取得了一些初步成果[112-115]。如图 1.13 所示，Gai 等[112]将 NG 和 Au 纳米粒子复合后作为葡萄糖氧化酶（GOD）的负载平台，得到的 NG/Au/GOD 纳米材料作为阳极，适配体功能化的 Au 电极作为阴极，发展了一种自供能细胞分析传感器（细胞微生理检测仪）。所构筑的自供能细胞分析传感器能够建立最大输出功率（P_{max}）和细胞数量之间的线性关系，检出范围为5～50000个细胞，最低检出限为4个细胞。该NG基自供能细胞分析传感器不仅无需外加电源，便于传感器的微型化，还能有效排除干扰，相比现有的细胞分析传感器具有显著的优势，预期在临床医疗领域会有很好的发展前景。

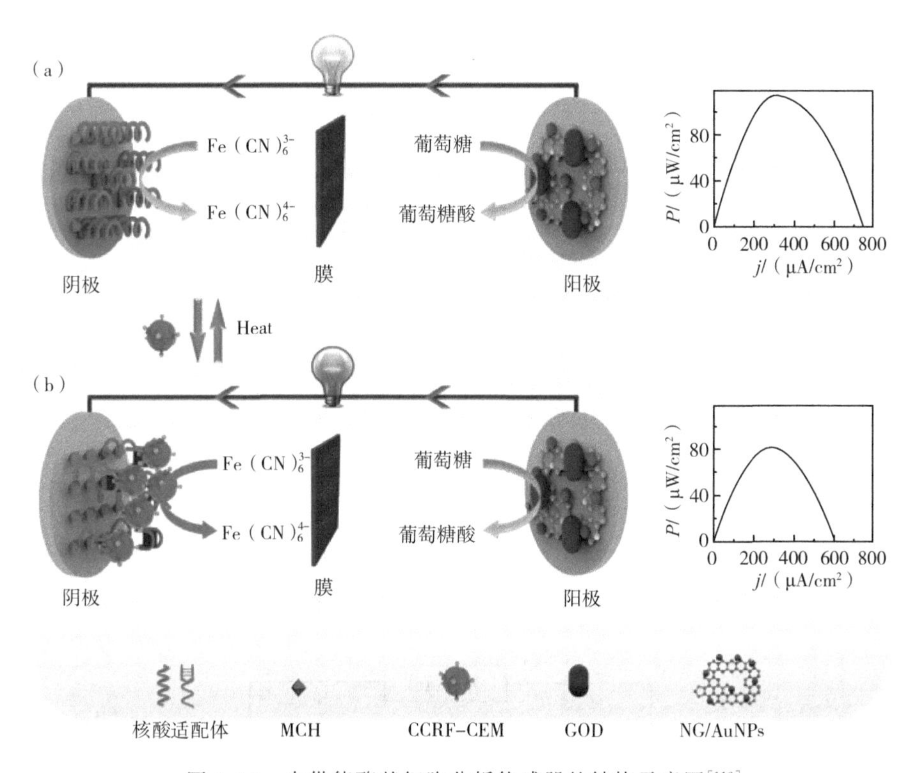

图1.13 自供能酶基细胞分析传感器的结构示意图[112]

另外，三维结构的NG纳米材料由于具有高的亲水性和电催化活性，已经成为自供能体系很好的电极材料。如Yang[114]等以三维NG基碳材料（AC@N-GA）为阴极，石墨烯包覆的镍泡沫（rGO@Ni）为阳极，构建了一种高性能输出的微生物燃料电池（MFC）型自供能平台（图1.14）。

生物质燃料电池只实现了生物质能/电能的单一能源转换，而目前在能源及其相关领域的研究中，综合利用各种能源（如光能、生物质能和化学能等），构建全新、高效、稳定、廉价的多维能源转化燃料电池已成为热点研究方

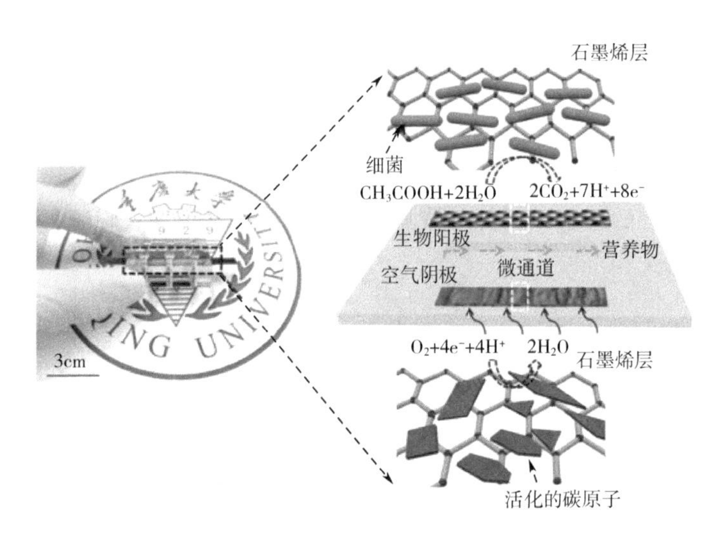

图 1.14　AC@N-GA 和 rGO@Ni 材料分别作为阴极和阳极构建的 MFC 型自供能平台的结构和工作原理[114]

向[116]。最近，Guo 等[115]以三维 NG 海绵为阳极，并基于此多孔、高催化活性的纳米结构为微生物提供生长基底，可见光响应的光敏材料 CuS 纳米粒子为光阴极，在可见光的激发下，构建了一种高性能的 MFC 型自供能平台（图 1.15）。研究发现，由于阳极三维 NG 海绵和光阴极 CuS 纳米粒子二者之间的协同作用，MFC 型自供能平台实现了光能/电能和化学能/电能的双重转化，极大提升了整个体系的能量转换效率和对太阳能的利用率。

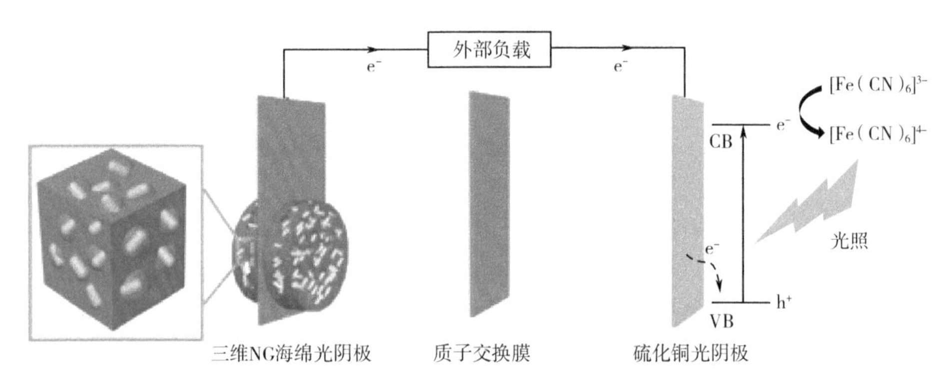

图 1.15　可见光光助自供能 MFC 的结构示意图[115]

综上所述，虽然基于 NG 基纳米材料构建燃料电池，实现自供能电化学传感检测的研究才刚刚起步，相关报道还很少，然而其在电化学传感领域应用的优势已开始显现。充分利用太阳能、实现光能/电能和化学能/电能的双重转化的二维自供能装置的研究也还处于萌芽阶段。因此，进一步将 NG 与性能良好的光电转换材料结合，开展基于 NG 基纳米材料构建光助型自供能电化学传感体系的研究具有重要意义。

1.4 本书的主要研究内容

MC-LR 具有极强的肝毒性和促癌效应，是一种在蓝藻水华污染中分布最广和毒性最强的蓝藻毒素。其不仅会直接污染水源，也会随食物链累积并转移到水产品中。另外，通过灌溉、施用藻肥等途径，也会导致农作物被 MC-LR 污染。因此，MC-LR 不仅污染饮用水源，也会污染我们赖以生存的农产（食）品，对人类和动物健康均构成威胁。目前，MC-LR 的检测大多需要昂贵的大型仪器，且操作繁杂、检测成本较高，无法满足快速、高效、现场检测的要求。因此，研究和建立便捷、快速、灵敏、在线的 MC-LR 检测方法并应用于农产（食）品的品质检测成为一项迫在眉睫的任务。电化学生物传感器因其仪器简单、灵敏度高、专一性好等优点，已成为最具发展前景的检测手段之一。与此同时，NG 基纳米材料展现出极其优异的物理化学性质，因而在电化学生物传感领域有着不可估量的发展潜力。因此，本研究设计和制备了一系列 NG 基功能纳米材料作为传感元件，并基于此研制了多种电化学生物传感器和自供能传感器，应用于农产品中 MC-LR 的检测。其具体研究内容如下：

① 采用自组装法制备三维硼氮同杂的石墨烯水凝胶纳米材料，并基于其特殊的疏松多孔结构负载 ECL 发光试剂联吡啶钌 [$Ru(bpy)_3^{2+}$]，进一步通过物理作用吸附 MC-LR 的适配体分子，成功研制了一种 ECL 适配体传感器，实现了对 MC-LR 的选择性和灵敏性检测，可进一步用于农田水样中 MC-LR 的检测。

② 通过简单温和的湿化学法制备的氮杂石墨烯-溴化氧铋（NG-BiOBr）纳米复合物为光电活性材料，通过 π-π 作用固定 MC-LR 的适配体分子，研制了一种常规的信号打开（“Signal-On”）型 PEC 适配体传感器，实现了鱼样品中 MC-LR 的检测。

③ 首先制备氮杂石墨烯-碘化银（NG-AgI）纳米复合物，并基于此光电活性良好的材料为光电转换元件，进一步固定适配体分子，研制了一种信号关闭（“Signal-Off”）型 PEC 适配体传感器，可选择性和灵敏性地检测 MC-LR，

成功应用于鱼样品中 MC-LR 的检测。更重要的是，通过对实验现象的观察和分析以及具体技术手段的应用，提出了一种新型的信号关闭（“Signal-Off”）型的传感机理。

④ 根据光阳极的费米能级高于光阴极的匹配原则，采用 TiO_2 为光阳极材料，NG-BiOBr 为光阴极材料，结合光助燃料电池技术，首次建立了双光电极光助型自供能传感平台，用于 MCs 的检测，可用于池塘水样中 MCs 总量的检测。该方法由于无需外加电源，可实现 MCs 的在线和现场检测。

⑤ 将具有表面等离子体效应的 Ag 纳米粒子和 NG 引入 TiO_2，形成的 NG-TiO_2-Ag 作为光阳极，并耦合能够特异性识别目标物 MC-LR 的适配体分子，发展了一种可见光光助型自供能适配体传感器，实现了选择性检测 MC-LR，可用于农田水样中 MC-LR 的检测。该方法不仅便于实现现场检测，也能大大提高能量的转换效率。

⑥ 对本书所构建的不同的 MC-LR 检测方法与现有方法进行多方面和多角度的综合评估，分析其优点与局限性以及各自的适用范围，便于实际应用中 MC-LR 检测方法的选择，为日后相关研究工作的开展提供指导。

本研究以实现农产品及水体环境中 MC-LR 的便捷、灵敏、现场检测为主要目的，将纳米科学与电化学技术结合，研制了一系列电化学传感器，并探讨其在 MC-LR 检测领域的应用和机理。具体研究技术路线如图 1.16 所示。

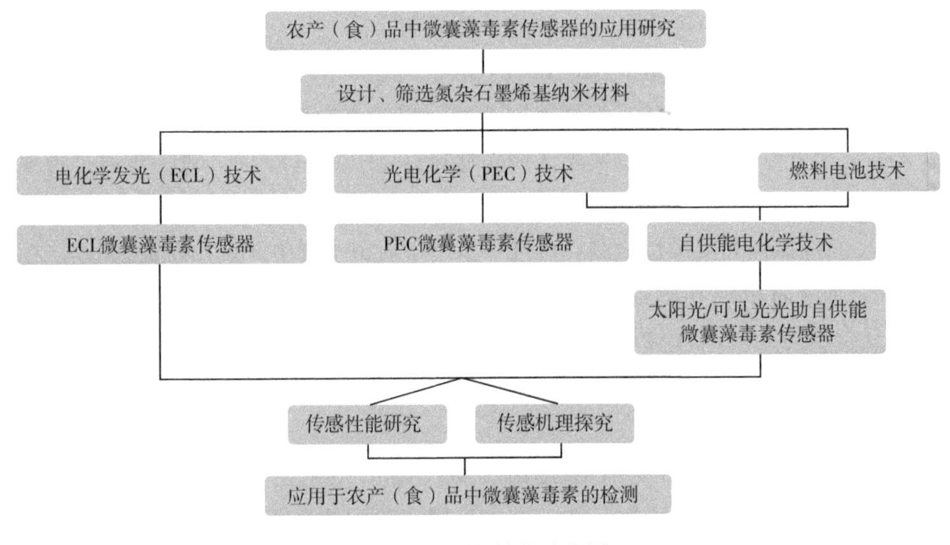

图 1.16　研究技术路线图

第2章

硼氮同杂石墨烯电化学适配体传感器用于农田水样中MC-LR检测

电化学发光（ECL）是一种将化学发光和电化学耦合的技术，具有设备简单、背景干扰低、灵敏度高等优点，已经发展成为一种强有力的分析工具[117]。一直以来，在分析检测领域，发展快捷、超灵敏和高专一性识别的检测策略用于定量检测痕量的目标分子，是推动分析化学不断发展的核心力量[118]，在ECL传感领域亦是如此。在ECL技术发展的初期，ECL传感的检测策略主要是基于目标物对ECL信号直接的抑制和增强作用。然而，这种检测策略由于缺乏选择性和可靠性，阻碍了其广泛的应用。于是，研究者引入具有特异性的生物识别分子如酶、抗原抗体和核酸适配体等，发展了基于能量共振转移、比率原理等的新型ECL生物传感器[119,120]。尽管这些新兴的ECL检测策略克服了传统检测策略的缺点，但也存在着难以寻找合适的供体/受体对、互不干扰的发光体/共反应剂及制作过程复杂等问题。因此，发展高效且简单的ECL检测策略是目前ECL传感领域的迫切需求。

对于信号关闭（“Signal-Off”）型的分析模式，提高其灵敏度对于其稳健发展具有重要意义[121]。一般来说，灵敏度是评估一个分析方法最重要的参数之一[122]。迄今为止，已经有各种各样的手段用于实现ECL的信号放大，进而提高ECL分析方法的灵敏度，如滚环放大策略、核酸外切酶-催化循环放大策略等[123,124]。因此，进一步开发新型的信号放大策略对于发展简单、高灵敏和低成本的信号关闭（“Signal-Off”）型ECL分析方法非常重要。

自2004年英国曼彻斯特大学科学家首次报道了通过机械分离方法制得新型二维纳米材料石墨烯以来[125]，石墨烯基纳米材料由于其良好的电子传导能力而极利于信号传输，已经发展成为分析工作者在设计高性能生物传感器时的理想选择[126]。相比二维（2D）石墨烯材料，三维石墨烯水凝胶材料（3D GHs）是一种质地轻薄、疏松多孔的碳材料，具有高力学强度和大比表面积的特点，近年来得到了研究者们的广泛关注[127]。根据文献报道，3D GHs不仅可以提供多通道的电子传输路径，还能为ECL发光体分子$Ru(bpy)_3^{2+}$提供一个良好的载体，并进一步将其用于负载生物分子，便于固态ECL生物传感平台的研究[128]。而固态ECL传感平台与液相ECL传感平台相比，能大大减少ECL试剂$Ru(bpy)_3^{2+}$的使用量，因而更环境友好。此外，最新的研究表明，对碳材料进行硼和氮原子掺杂可以有效地改善其物理化学性质，拓展其应用范围[129,130]。因此，本研究将3D GHs进行改性处理实现硼和氮的同时掺杂，得到三维硼氮同杂的石墨烯水凝胶（3D BN-GHs），基于3D BN-GHs独特的信号放大作用，通过直接放大目标物与其适配体结合产生的位阻效应，实现

ECL 信号猝灭率的放大，发展了一种简单且实用的 ECL 检测策略，构筑了一种超灵敏、高选择性的 ECL 生物传感平台，成功实现了对 MC-LR 的定量检测，并进一步用于农田水样中 MC-LR 的检测，为农业生产中 MC-LR 的分析检测提供了一种新方法。

2.1　实验部分

2.1.1　药品与试剂

见表2.1。

表 2.1　各种药品与试剂名称、化学式、规格以及生产厂家

名称	缩写或化学式	纯度/规格	生产厂家
天然鳞片石墨	—	325 目	青岛天和石墨有限公司
硼酸	H_3BO_3	A. R.	国药集团化学试剂有限公司
五硼酸铵	$NH_4B_5O_8$	A. R.	阿拉丁试剂（上海）有限公司
氯化联吡啶钌六水合物	$Ru(bpy)_3Cl_2 \cdot 6H_2O$	A. R.	Sigma-Aldrich
三正丙胺	TPrA	A. R.	Sigma-Aldrich
全氟磺酸型聚合物溶液	Nafion	A. R.	Sigma-Aldrich
磷酸	H_3PO_4	A. R.	国药集团化学试剂有限公司
磷酸氢二钠	Na_2HPO_4	A. R.	国药集团化学试剂有限公司
磷酸二氢钠	NaH_2PO_4	A. R.	国药集团化学试剂有限公司
微囊藻毒素	MC-LA、MC-YR 和 MC-LR	100μg/mL	J&K 百灵威试剂公司
MC-LR 适配体	Aptamer	A. R.	生工生物工程股份有限公司

注：1. 实验中的溶液所涉及的水均是超纯水。

2. MC-LR 适配体的序列为：5′-GGC GCC AAA CAG GAC CAC CAT GAC AAT TAC CCA TAC CAC CTC ATT ATG CCC CAT CTC CGC-3′。

3. MC-LR 适配体溶液的配制方法：将 MC-LR 适配体溶解在 pH＝7.4 的 50mmol/L Tris-HCl 溶液中（其中溶质有 0.1mol/L NaCl、5.0mmol/L $MgCl_2$、0.2mol/L KCl 及 1.0mmol/L EDTA）。

4. MC-LR 标准品目标浓度的配制方法：将购买的 MC-LR 标准品溶解在上述 50mmol/L Tris-HCl 溶液中，并由高到低逐级稀释到目标浓度。

2.1.2 实验仪器

见表2.2。

表 2.2 实验仪器列表

项目	实验仪器	产地
X 射线光电子能谱（XPS）	ESCALAB 250 多功能表面分析仪	美国
扫描电子图谱（SEM）	JEOL JSM-7001F	日本
拉曼光谱（Raman）	显微拉曼光谱仪 RM 2000	英国
X 射线电子衍射图谱（XRD）	X 射线衍射仪 Bruker D8 Advance	德国
电化学石英晶体微天平图谱（EQCM）	上海辰华 CHI-400C	中国
电化学阻抗谱（EIS）	上海辰华 CHI-660B	中国
电化学发光检测（ECL）	MPI-A 型电化学发光检测仪（图 2.1）	中国

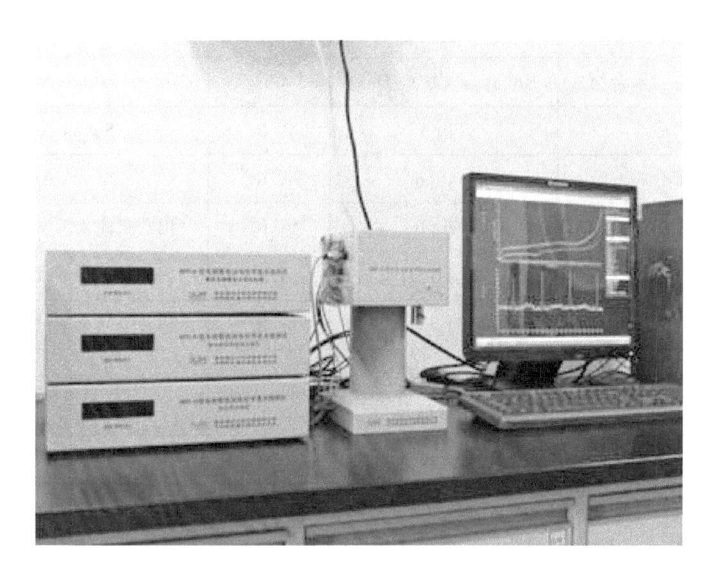

图 2.1 MPI-A 型电化学发光检测仪

2.1.3 硼氮同杂石墨烯水凝胶(BN-GHs)的制备

采用修饰、改进后的 Hummers 法制备氧化石墨烯[131]，然后以此为原料制备 3D BN-GHs 纳米材料。具体过程如下：在烧杯中加入 3mL 氧化石墨烯（3mg/mL）和 100mg 五硼酸铵（$NH_4B_5O_8$），所得的混合物超声 0.5h 后转移至反应釜中，180℃下反应 12h，得到 BN-GHs 纳米材料。作为对比，采用相似的过程，在不加五硼酸铵的条件下制备石墨烯水凝胶（U-GHs）；在加入氨水（$NH_3 \cdot H_2O$）的条件下制备氮杂石墨烯水凝胶（N-GHs）；在加入硼酸（H_3BO_3）的条件下制备硼杂石墨烯水凝胶（B-GHs）。

2.1.4　ECL 适配体传感器的制备和检测过程

图2.2 为 ECL 适配体传感器的具体构建过程。在对玻碳电极（GCE）修饰之前，先分别用 0.3μm 和 0.05μm 的氧化铝（Al_2O_3）粉末将其处理至镜面状态，再分别用水和乙醇超声洗净，在氮气（N_2）氛围下吹干。将 1mg 制备好的纳米材料于 0.5mL 超纯水中超声分散，加入 30μL 质量分数为 5%的 Nafion 溶液，继续超声混合均匀。将 6μL 上述悬浊液修饰在预处理好的 GCE 上，并在 N_2 氛围下吹干，接着将该电极浸入 0.1mmol/L $Ru(bpy)_3Cl_2$ 溶液中 3h 以吸附带正电荷的 $Ru(bpy)_3^{2+}$，然后用超纯水淋洗去除过量的$Ru(bpy)_3^{2+}$，记为 $Ru(bpy)_3^{2+}$/Nafion/BN-GHs/GCE。作为对比，$Ru(bpy)_3^{2+}$/Nafion/U-GHs/GCE、$Ru(bpy)_3^{2+}$/Nafion/N-GHs/GCE 及 $Ru(bpy)_3^{2+}$/Nafion/B-GHs/GCE 均以相似的过程制备。最后，将上述电极浸入 5μmol/L 的 MC-LR 的适配体（Aptamer）溶液中通过静电吸附作用将适配体分子负载到预先制备好的 GCE 电极表面，紧接着用 PBS 溶液淋洗去除多余未吸附的适配体分子，并用 N_2 吹干备用，所制备的 ECL 适配体传感器记为 Aptamer/$Ru(bpy)_3^{2+}$/Nafion/BN-GHs。

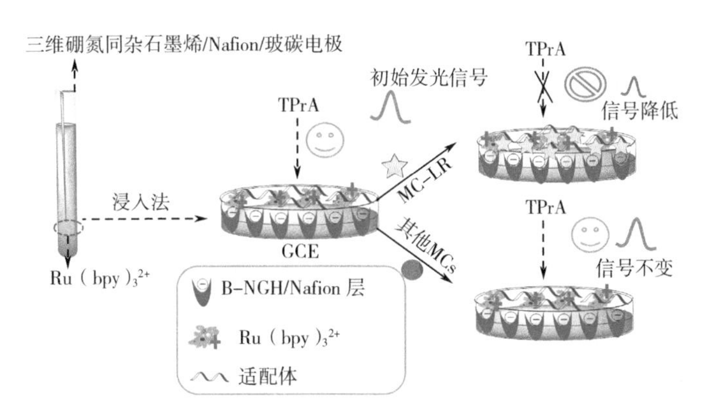

图 2.2　ECL 适配体传感器的制备过程和检测机理

检测 MC-LR 的具体过程如下：将所制备的 ECL 适配体传感器分别浸入含有不同浓度的 MC-LR 溶液中温育 35min，然后取出并将其用缓冲溶液淋洗干净，用于 ECL 信号的采集。

2.2 结果与讨论

2.2.1 新型的检测方法论和实验依据

如图2.2 所示，当目标检测分子 MC-LR 与传感界面的适配体分子特异性结合后，ECL 的信号显著降低。这可能是由于 MC-LR 与适配体分子特异性结合形成的复合物产生了位阻，阻碍了共反应剂 TPrA 靠近传感界面的发光分子 $Ru(bpy)_3^{2+}$，从而导致 ECL 信号的降低。当 MC-LR 的浓度逐渐增加，对应的 ECL 信号强度也随之降低。基于此猝灭机理，可实现对 MC-LR 的定量检测。

为了验证所提出的传感机理，利用 EQCM 测试手段表征传感器的识别过程。EQCM 技术是一种超灵敏的质量测量装置，通过振荡的石英晶体可以考察生物作用的动态过程[132]。该技术的理论依据来源于 Sauerbrey's 方程：

$$\Delta f = -2 f_0^2 \frac{\Delta m}{A \sqrt{\rho \mu}} \tag{2.1}$$

式中，f_0代表没有质量吸附时的基本共振频率值，Hz；Δm 代表电极表面的质量变化量，g；Δf 代表所记录的质量变化对应的频率变化量，Hz；A 代表压电活性面积，cm^2；ρ 代表石英的密度；μ 代表石英的切变模量。具体来说，根据 Sauerbrey's 方程，生物分子被固定在电极表面后，电极质量随之增加，其振荡频率反而会显著降低[133]。

图 2.3 记录了该 ECL 适配体传感器在与目标物 MC-LR 结合前后的频率-时间曲线。由图可知，修饰于石英晶体上的 Aptamer/$Ru(bpy)_3^{2+}$/Nafion/BN-GHs 膜电极显著降低了其 Δf 值；当 MC-LR 存在时，石英晶体表面的适配体捕获 MC-LR，使得 Δf 值进一步降低，表明检测物 MC-LR 和适配体特异性结合促使其质量显著增加。该实验结果为本章所提出的位阻效应引起信号降低的方法论提供了非常有力的证据。

这样的检测方法论在现有的 ECL 传感研究中很少提及，这可能是由于将这样一种分析模型应用于常规的纳米材料中很难引起足够显著的信号变化，从而难以满足实际检测中对灵敏度的需求。而本章选用的 BN-GHs 是一种具有

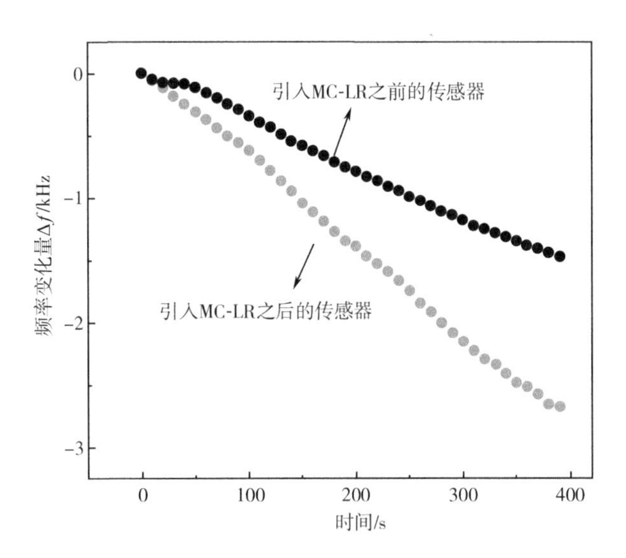

图 2.3　所构建的 ECL 适配体传感器与 MC-LR（5pmol/L）结合前后的 EQCM 测试结果

分层结构的三维石墨烯基纳米材料，可以最大限度地满足掺杂位点的需求，具有多维的电子传输路径[134]，起到充分的信号放大作用，可放大位阻效应，显著降低 ECL 信号强度。简而言之，如图 2.4 所示，三维的 BN-GHs 可以放大 MC-LR-适配体结合物引起的位阻效应，进而放大 ECL 信号变化量，达到可以明显被观察到的范围，从而成功实现对目标物的检测。该原理可用于研制简单、有效、高灵敏的 ECL 适配体检测体系。

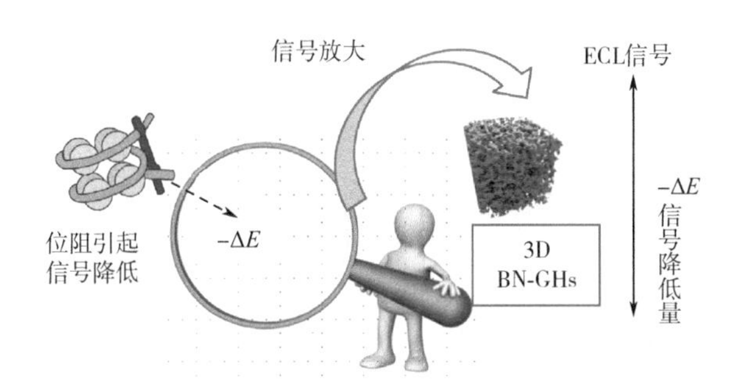

图 2.4　ECL 适配体传感平台检测模型的方法论

2.2.2　二维与三维材料构建的 ECL 适配体传感平台传感性能对比

通过图2.5 所示的实验结果，可进一步证明上述理论的合理性。图 2.5

(a) 与图 2.5 (b) 分别是基于二维 BNG 和三维 BN-GHs 纳米材料设计的不同 ECL 适配体传感器在相同浓度的 MC-LR (5pmol/L) 溶液中温育前后的 ECL 响应情况。我们可以明显地看出，基于三维 BN-GHs 构建的 ECL 适配体传感器在与 MC-LR 特异性结合后呈现约 56.1%的 ECL 信号猝灭率，而基于二维 BNG 研制的 ECL 适配体传感器猝灭率仅有 2.7%，微乎其微，难以实现 MC-LR 的灵敏检测。此外，三维 BN-GHs 纳米材料作为一种多孔材料，也是一种优秀的载体，可用于负载 ECL 发光体 $Ru(bpy)_3^{2+}$。上述所有研究结果成功证实了该传感体系中三维纳米材料 BN-GHs 对设计和构建新型检测方法发挥着至关重要的作用。

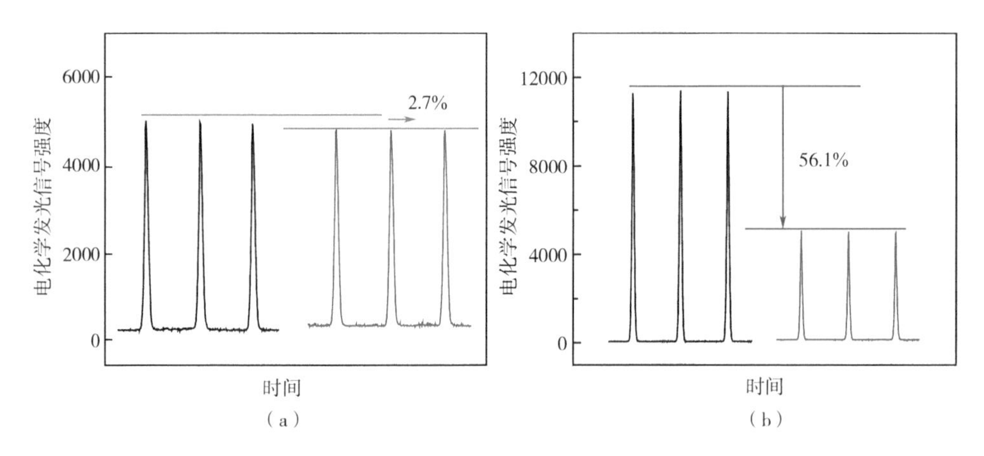

图 2.5 基于二维 BNG (a) 和三维 BN-GHs (b) 所构建的 ECL 适配体传感器在 5pmol/L MC-LR 溶液中温育前后的 ECL 响应情况对比

2.2.3 ECL 适配体传感器的发光机理

自 Leland 和 Powell 于 1990 年首次报道了 TPrA 作为共反应剂和 $Ru(bpy)_3^{2+}$作为发光体的 ECL 体系起，$Ru(bpy)_3^{2+}$/TPrA 作为一种经典的 ECL 的发光体和共反应剂对，已经受到研究者的广泛关注，应用于诸多重要的领域[135,136]。普遍意义上 $Ru(bpy)_3^{2+}$ 的发光机理阐述如下[137]：

$$(Rubpy)_3^{2+} \longrightarrow (Rubpy)_3^{3+} + e^- \quad (a)$$

$$(Rubpy)_3^{3+} + TPrA \longrightarrow (Rubpy)_3^{2+} + TPrA^{\cdot +} \quad (b)$$

$$TPrA^{\cdot +} \longrightarrow TPrA^{\cdot} + H^+ \quad (c)$$

$$(Rubpy)_3^{3+} + TPrA^{\cdot} \longrightarrow {}^{*}(Rubpy)_3^{2+} + 产物 \quad (d)$$

$${}^{*}(Rubpy)_3^{2+} \longrightarrow (Rubpy)_3^{2+} + h\nu \quad (e)$$

具体来说，首先 $Ru(bpy)_3^{2+}$ 在电极表面被氧化为 $Ru(bpy)_3^{3+}$（方程 a），生成的 $Ru(bpy)_3^{3+}$ 与 TPrA 继续反应生成自由基阳离子 $TPrA^{\cdot +}$（方程 b），接着其自发形成自由基 $TPrA^{\cdot}$（方程 c）。然后，自由基 $TPrA^{\cdot}$ 与 $Ru(bpy)_3^{3+}$ 反应产生激发态的 ${}^{*}Ru(bpy)_3^{2+}$（方程 d），这意味着氨基化合物自由基 $TPrA^{\cdot}$ 对产生激发态的 ${}^{*}Ru(bpy)_3^{2+}$ 进而产生 ECL 发射起到关键作用。最后，不稳定的激发态 ${}^{*}Ru(bpy)_3^{2+}$ 回到基态的过程，随即产生 ECL 发射（方程 e）。另外，前人的报道已经表明扩散到电极表面的 TPrA 的量与 ECL 强度的大小密切相关[138]。这表明越多数量的 TPrA 分子靠近电极表面的 $Ru(bpy)_3^{2+}$，则可观察到越强的 ECL 信号。因此，本传感器中可能的猝灭机理阐述如下：当出现检测物 MC-LR 时，MC-LR 被传感器界面的适配体捕获，产生空间位阻，大大限制了 TPrA 分子靠近电极表面的发光试剂 $Ru(bpy)_3^{2+}$，从而导致了 ECL 信号的猝灭。

2.2.4 BN-GHs 纳米材料的 XPS 表征

XPS 分析技术用于探究 BN-GHs 纳米材料组分中硼元素和氮元素的掺杂情况。图 2.6（a）为 BN-GHs 纳米材料全范围的 XPS 图谱，从图中可以明显观察到硼（B）、碳（C）、氮（N）和氧（O）的存在，B 1s、C 1s、N 1s 和 O 1s 的特征峰分别位于 191.3eV、284.5eV、399.4eV 和 531.7eV 处[139-141]。进一步对其进行高倍 XPS 表征，由图 2.6（b）可知，B 1s 图谱可以解析为两个独立的峰：191.0eV 附近的峰来源于 N—B—C 结构，另一个位于 192.1eV 附近的峰来源于 BCO_2 基团[139]。N 1s 的高倍 XPS 能谱可以分成 398.3eV、399.8eV 和 401.1eV 三个峰［图 2.6（c）］，分别归属于 N—B 键、吡咯型氮和石墨型氮[140,141]。这些实验结果成功证实了在 BN-GHs 纳米材料中存在硼和氮元素。

2.2.5 BN-GHs 纳米材料的形貌表征

图2.7（a）是所制备的三维 BN-GHs 纳米材料在日光灯下拍摄的数码照片，插图为经冻干处理后 BN-GHs 纳米材料的照片，由图可以明显观察到该材料的宏观三维结构。BN-GHs 纳米材料的微观结构和形貌特征进一步通过 SEM 手段考察［图 2.7（b）］。我们可以明显地从图中观察到所制备的 BN-GHs 纳米材料呈现出清晰且互相连通的三维孔状结构。

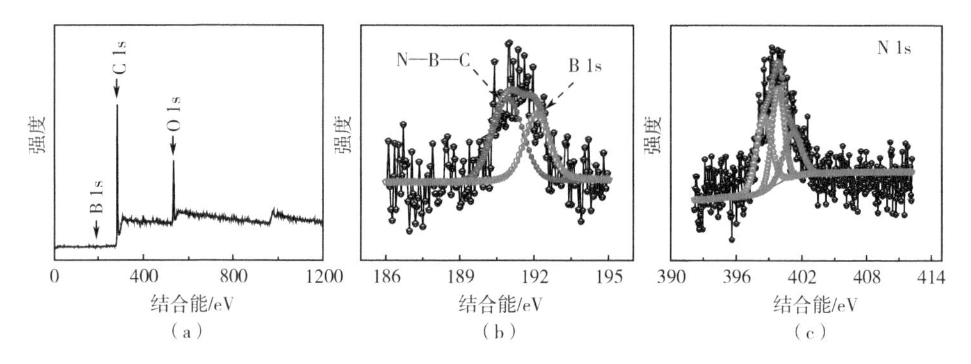

图 2.6　BN-GHs 的 XPS 全谱（a）、B 1s（b）和 N 1s（c）的高倍 XPS 图谱

图 2.7　BN-GHs 的数码照片（a）和 BN-GHs 的 SEM 图（b）

插图为冻干后的照片

2.2.6　BN-GHs 纳米材料的 Raman 表征

Raman 光谱进一步提供了 BN-GHs 纳米材料中硼和氮两种元素成功掺杂的证据。图 2.8 为 U-GHs、N-GHs、B-GHs 及 BN-GHs 纳米材料的 Raman 光谱图。在扫描波长范围内，U-GHs、N-GHs、B-GHs 及 BN-GHs 均在 $1352cm^{-1}$ 和 $1586cm^{-1}$ 左右处出现了 D 带和 G 带的特征峰[130]。其中，D 带来源于 sp^3 缺陷位点和局部混乱的 sp^2 结构，G 带与 sp^2 的价键拉伸有关，反映了材料石墨化的程度[142]。对图进行具体分析，尽管掺杂前后的纳米材料中 D 带和 G 带的位置均没有观察到显著的偏移，但是 U-GHs、N-GHs、B-GHs 和 BN-GHs 的两个峰（D 和 G）的强度比（I_D/I_G）从 0.97 上升到 1.13，表明掺杂硼和氮元素后，纳米材料中石墨烯六方晶格的混乱度显著提升，活性位点大大增加[143]。

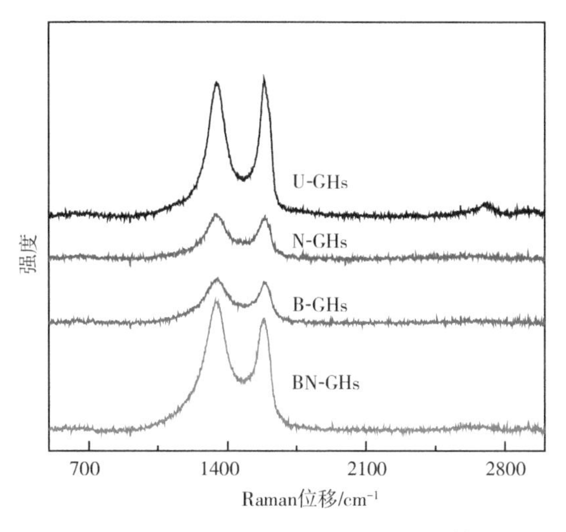

图 2.8　U-GHs、N-GHs、B-GHs 和 BN-GHs 的 Raman 谱图

2.2.7　BN-GHs 纳米材料的 XRD 表征

X 射线衍射（XRD）测试结果如图 2.9 所示。11.4°的峰为氧化石墨烯的特征峰，说明 c 轴层间距离为 0.78nm，表明石墨已经完全剥落。U-GHs 和 BN-GHs 纳米材料，在 11.4°的峰消失，而在 26°附近出现了一个新的宽峰，d 间距为 0.35nm，对应于石墨烯的（002）晶面，说明高温还原和共掺杂的作用可以部分恢复石墨的晶体结构。此外，与 U-GHs 相比，在相同条件下，由

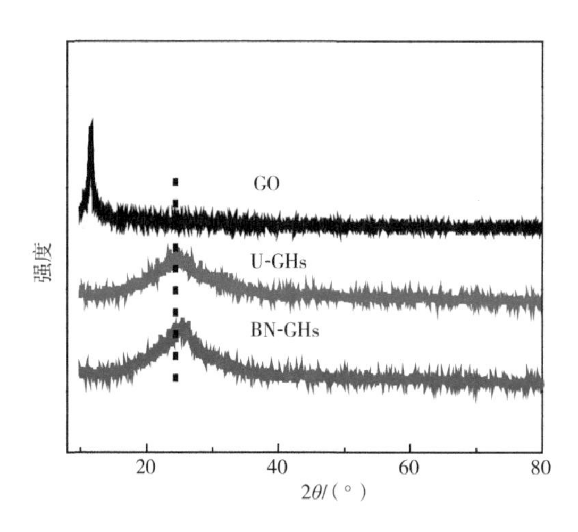

图2.9　GO、U-GHs 和 BN-GHs 的 XRD 图

GO 得到的 BN-GHs 的 XRD 峰移得更高（约 25.7°），表明层间间距更小，这可能是由非均质 B-N 掺杂剂造成的。

2.2.8 构建的适配体传感器的 ECL 性能

我们进一步考察了该适配体传感体系的 ECL 性能，具体实验结果展示在图 2.10（a）中。由于发光试剂 $Ru(bpy)_3^{2+}$ 的存在，$Ru(bpy)_3^{2+}$/Nafion/BN-GHs/GCE 在 PBS 溶液中，可以观察到明显的 ECL 信号（曲线 1）。在体系中加入共反应剂 TPrA 后，ECL 的信号急剧增加（曲线 2），说明 TPrA 在该 ECL 体系中发挥着重要作用。而当 MC-LR 的适配体分子修饰在电极表面后，其 ECL 信号明显降低（曲线 3），这是由于适配体分子自身导电能力不佳，在传感界面产生位阻效应，阻碍了传感界面电荷的有效转移。值得注意的是，在所构建的适配体传感电极捕获了 5pmol/L MC-LR 后，ECL 信号急剧降低。基于此对应关系，可以建立 MC-LR 定量检测的线性关系。此外，该 ECL 传感器在与 5pmol/L MC-LR 温育后不间断地扫描 12 次记录其 ECL 信号，发现其信号并无明显衰减［如图 2.10（b）所示］，信号的标准偏差 RSD 为 5.3%，表明该 ECL 适配体传感器呈现出优异的稳定性。

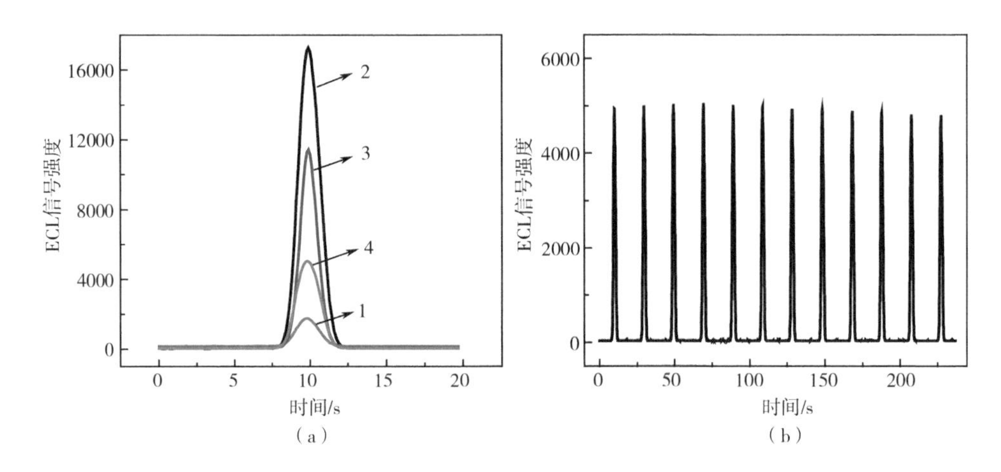

图 2.10 $Ru(bpy)_3^{2+}$/Nafion/BN-GHs/GCE 在不同条件下的 ECL 响应值（a）和 Aptamer/$Ru(bpy)_3^{2+}$/Nafion/BN-GHs/GCE 在 5mmol/L TPrA 的 PBS 溶液中扫描 12 次的 ECL 曲线图（b）

1—无 TPrA 条件下；2—存在 5mmol/L TPrA 条件下；

3—负载适配体；4—与 5pmol/L MC-LR 结合

2.2.9 基于不同材料构建的适配体传感器的循环伏安和 ECL 性能

图2.11（a）为不同材料修饰的电极的循环伏安曲线。对比研究表明，在 U-GHs、B-GHs、N-GHs 及 BN-GHs 这四种不同电极材料构建的 ECL 适配体传感器中，通过 BN-GHs 构建的 ECL 适配体传感器表现出最优的电化学性能，具有最高的峰电流和最低的 Ru^{3+}/Ru^{2+} 氧化还原峰，其中还原电位为 0.95V，氧化电位为 1.18V。这主要归因于硼和氮原子共掺杂的石墨烯水凝胶对 $Ru(bpy)_3{}^{2+}$/TPrA 体系的协同催化作用[144]。图 2.11（b）是对应的 ECL 信号强度-电压曲线。结果与上述一致，基于 BN-GHs 纳米材料构建的适配体传感器呈现出最强的 ECL 信号，其信号强度分别为 U-GHs 的 2.8 倍、B-GHs 的 1.41 倍和 N-GHs 的 1.69 倍。这是因为单独的硼原子和氮原子不仅仅是邻近碳原子电荷转移的活性位点，也对邻近碳原子的电荷转移起到重要的促进作用[145]。上述结果表明，BN-GHs 纳米材料对于 $Ru(bpy)_3{}^{2+}$ 基的 ECL 体系的化学反应表现出最强的催化能力，有益于构建稳健的 ECL 体系，从而广泛地应用于 ECL 分析领域。

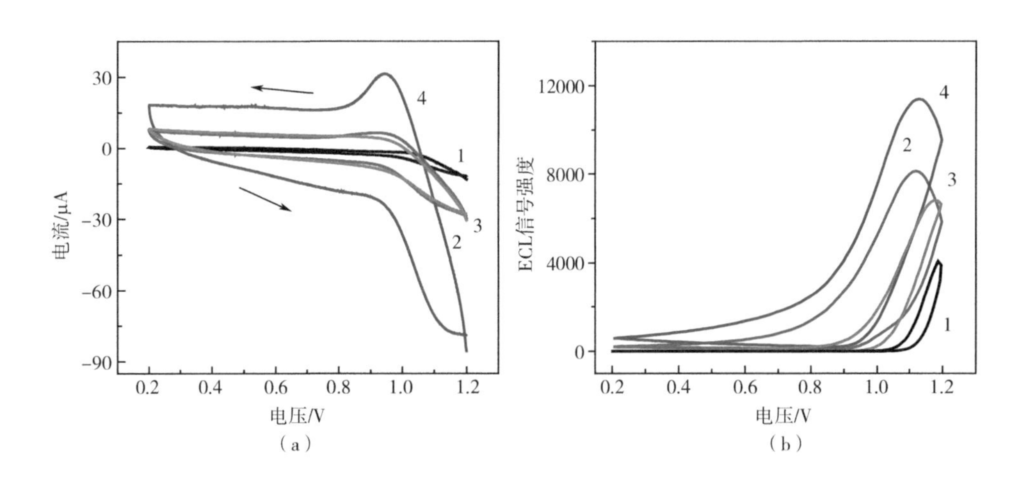

图 2.11　不同电极在含有 5mmol/L TPrA 的 0.1mol/L PBS 溶液中的循环伏安曲线（a）和 ECL 信号强度-电压曲线（b）

1—Aptamer/$Ru(bpy)_3{}^{2+}$/Nafion/U-GHs/GCE；2—Aptamer/$Ru(bpy)_3{}^{2+}$/Nafion/B-GHs/GCE；3—Aptamer/$Ru(bpy)_3{}^{2+}$/Nafion/N-GHs/GCE；4—Aptamer/$Ru(bpy)_3{}^{2+}$/Nafion/BN-GHs/GCE

2.2.10 ECL适配体传感器的条件优化

进一步分别探究了适配体浓度和目标物分子与适配体间作用时间对ECL传感器的响应的影响。图2.12（a）为适配体浓度对ECL传感器响应的影响情况。研究表明，适配体浓度从1.0μmol/L增加到5.0μmol/L时，修饰电极的ECL信号逐渐降低，这表明越来越多的适配体分子吸附在电极表面。而当适配体浓度高于5.0μmol/L时，其ECL信号强度开始维持恒定不变，这意味着电极表面适配体分子的吸附量已经达到极限状态。因此，我们选择5.0μmol/L作为ECL适配体传感器的最优浓度。另外，适配体与检测物分子MC-LR的结合时间也是优化检测体系性能的重要参数之一。图2.12（b）记录了不同结合时间对该ECL传感体系信号的影响情况。从图中可知，35min为其最佳结合时间，因而选择35min作为后续传感器检测的结合时间。

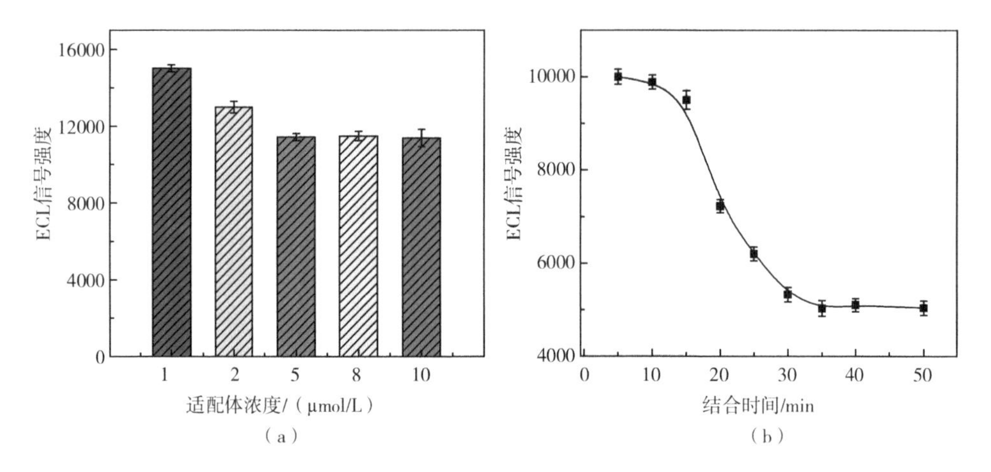

图2.12　适配体浓度（a）和结合时间（b）对适配体传感器的影响

2.2.11 ECL适配体传感器的检测性能

在最优的测试条件下，ECL适配体传感器成功实现了MC-LR的定量分析。ECL信号随着浓度变化的曲线如图2.13（a）所示。由图可知，随着MC-LR浓度的逐渐增加，ECL发光信号的强度随之降低，且浓度的负对数值与ECL信号呈现良好的线性关系［图2.13（b)］，其线性范围为0.1～1000pmol/L，检出限为0.03pmol/L（信噪比为3)。

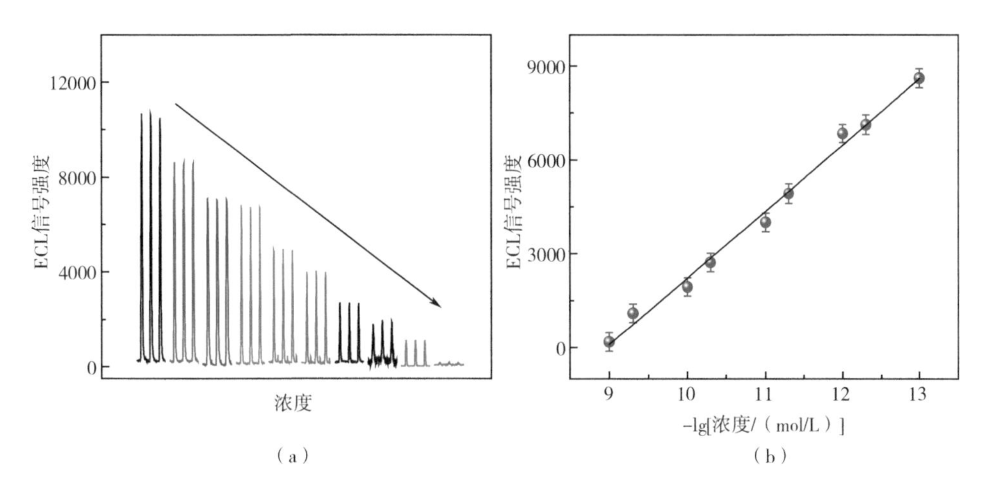

图 2.13　所制备的 ECL 适配体传感器在与不同浓度的 MC-LR 结合后的 ECL 响应图（a）和对应的线性关系曲线（b）

2.2.12　ECL 适配体传感器的选择性

为了评估所构建的 ECL 适配体传感器的抗干扰性能，测量了该传感器对 MC-LR 的常见共存干扰物的响应情况（图 2.14）。图中 $-\Delta E$ 为不同干扰物质与该传感器温育后的 ECL 信号减少量，以此作为参数来衡量其选择性。假定 MC-LR 所产生的 $-\Delta E$ 为 100%，则 MC-LA 和 MC-YR 产生的 $-\Delta E$ 仅为

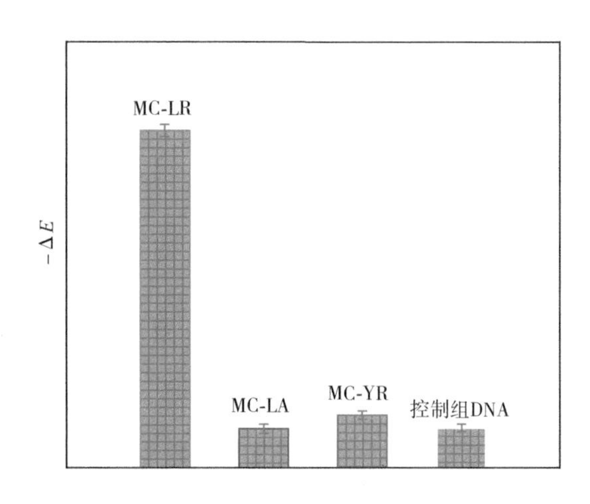

图 2.14　所构建的适配体传感器对不同干扰物的 ECL 响应图（5pmol/L MC-LR、500pmol/L MC-LA、500pmol/L MC-YR 及 5μmol/L 控制组 DNA）

4.6%和9.2%。此外，为了排除微囊藻毒素对传感器非特异性吸附的影响，我们选用了非特异性的DNA序列构建相似的ECL传感器，并考察其对MC-LR的响应，结果没有观察到明显的信号变化。上述结果表明，该MC-LR传感器表现出较高的选择性，这归因于MC-LR的适配体具有高特异性的识别能力，使得所构建的传感器仅能特异性地捕获目标分子MC-LR。

2.2.13 ECL适配体传感器应用于实际样中MC-LR的检测

所构建的ECL传感器的实用性通过标准加入法来衡量。自来水、被污染的农田水样及人体血清样本分别作为应用对象，测试结果如表2.3所示。将不同标准浓度的MC-LR加入这三种样品中，所获得的回收率在91.0%～104.0%左右。农田水样中测得的MC-LR浓度比实际加入的标准浓度略高，呈现出阳性偏差，这可能是因为农田水样已经被MC-LR污染。这些结果表明，该传感器能够应用于多种实际样模型中MC-LR的检测。

表2.3 自来水、污染水样和人体血清样本测量MC-LR的结果和回收率

MC-LR浓度/(pmol/L)	自来水		污染水		人体血清	
	MC-LR测试结果/(pmol/L)	回收率/%	MC-LR测试结果/(pmol/L)	回收率/%	MC-LR测试结果/(pmol/L)	回收率/%
0.5	0.49±0.06	98.0	0.52±0.02	104.0	0.50±0.04	100.0
5	4.78±0.24	95.6	5.06±0.13	101.2	4.90±0.21	98.0
50	49.42±2.18	98.9	50.46±3.52	98.8	50.33±3.00	100.7
100	92.92±4.22	92.9	100.14±4.52	100.1	90.96±6.66	91.0

本章小结

① 设计了一种基于三维纳米材料BN-GHs负载ECL发光试剂$Ru(bpy)_3^{2+}$的直接信号关闭（“Signal-Off”）响应型的ECL适配体MC-LR传感器；

② 通过EQCM技术，首次提出一种新型的三维纳米材料放大目标物与适配体结合后引起的位阻效应，从而放大ECL信号的猝灭率，实现信号放大的检测方法论；

③ 所构建的 ECL 适配体传感器成功实现了对 MC-LR 的灵敏检测，线性检测范围为 0.1～1000pmol/L，检出限可达到 0.03pmol/L；

④ 该传感平台除了具备适配体传感平台的高灵敏性和选择性，还避免了昂贵的适配体标记技术和复杂的探针固定技术的使用，在农田水样的 MC-LR 检测中取得了良好的效果。

第3章

氮杂石墨烯-BiOBr基光电化学适配体传感器用于鱼样品中MC-LR检测

微囊藻毒素（MCs）已分离并鉴定出的异构体有 100 多种，因此，建立可以对其进行有效区分的分析方法非常困难。电化学分析方法是一种响应快、灵敏度高的检测手段，在过去几十年里引起了分析工作者广泛的研究兴趣[146]；与传统大型仪器的分析方法相比，它具有仪器简单、易于检测等优点。然而，MC-LR 是一种化学惰性的物质，很难通过直接的电化学氧化或还原过程直接对其实施检测[147]。光电化学（PEC）分析方法合理融合了光学和电化学方法的优势，被认为是一种更灵敏的传感技术[148]。研究表明，在一定波长光的激发下，光催化剂溴化氧铋（BiOBr）能够促进 MC-LR 的脱羧反应过程[149]。因此，我们大胆设想可以通过光催化氧化过程，建立一种简单、快速的 PEC 方法实现对 MC-LR 的检测。但是，由于 PEC 过程的氧化能力较强，PEC 方法在用于检测时通常会遇到选择性不高的问题。

为了解决 PEC 分析方法选择性不高的问题，研究人员将免疫技术、分子印迹技术和 PEC 检测技术进行有效结合，发展了 PEC 免疫和 PEC 分子印迹检测手段[150,151]。尽管这两种检测方法可以很好地实现对 MC-LR 的选择性检测，但是由于需要使用到抗原抗体和特殊技术处理过程，使得两种方法制备过程烦琐、成本较高，对从业人员的要求高，增大了现场检测的实现难度。核酸适配体（Aptamer），亦称作模拟抗体，对其目标物具有高度特异性识别能力，已经被广泛用于构建高选择性的生物传感器[152,153]。与抗体相比，核酸适配体具有诸多优势，如较小的尺寸、成本低廉、原位的筛选过程、较强的稳定性和可逆的变性过程等[154]。由此，将适配体技术和 PEC 技术有效耦合，发展一种新型的 PEC 适配体传感方法用于 MC-LR 的检测，可以有效缓解现有检测技术的局限性。

根据目前 PEC 传感方法检测 MC-LR 存在的问题和特性，在本研究中，采用氮杂石墨烯-溴化氧铋（NG-BiOBr）作为光电转换材料，通过共轭作用在其表面负载 MC-LR 的适配体分子，基于光激发下的 MC-LR 氧化过程实现 PEC 信号变化的原理，构建了一种高灵敏性且高专一性的 PEC 适配体 MC-LR 的检测方法。该检测体系表现出优异的稳定性和重现性，能够实现鱼样品中 MC-LR 的定量分析。

3.1 实验部分

3.1.1 药品与试剂

见表3.1。

表 3.1　各种药品与试剂名称、化学式、规格以及生产厂家

名称	缩写或化学式	纯度/规格	生产厂家
五水合硝酸铋	$Bi(NO_3)_3 \cdot 5H_2O$	A. R.	国药集团化学试剂有限公司
甘氨酸	$C_2H_5NO_2$	A. R.	国药集团化学试剂有限公司
十六烷基三甲基溴化铵	CTAB	A. R.	国药集团化学试剂有限公司
氢氧化钠	NaOH	A. R.	国药集团化学试剂有限公司
磷酸	H_3PO_4	A. R.	国药集团化学试剂有限公司
磷酸氢二钠	Na_2HPO_4	A. R.	国药集团化学试剂有限公司
磷酸二氢钠	NaH_2PO_4	A. R.	国药集团化学试剂有限公司
微囊藻毒素	MC-LA、MC-YR 和 MC-LR	100μg/mL	J&K 百灵威试剂公司
MC-LR 适配体	Aptamer	A. R.	生工生物工程股份有限公司

注：1. 实验中的溶液所涉及的水均是超纯水。

2. MC-LR 适配体的序列为：5′-GGC GCC AAA CAG GAC CAC CAT GAC AAT TAC CCA TAC CAC CTC ATT ATG CCC CAT CTC CGC-3′。

3. MC-LR 适配体溶液的配制方法：将 MC-LR 适配体溶解在 pH=7.4 的 50mmol/L Tris-HCl 溶液中（其中溶质有 0.1mol/L NaCl、5.0mmol/L $MgCl_2$、0.2mol/L KCl 及 1.0mmol/L EDTA）。

4. MC-LR 标准品浓度的配制方法：将购买的 MC-LR 标准品溶解在上述 50mmol/L Tris-HCl 溶液中，并由高到低逐级稀释到目标浓度。

3.1.2　实验仪器

见表3.2。

表 3.2　实验仪器列表

项目	实验仪器	产地
透射电子显微图谱（TEM）	JEOL 2100	日本
X 射线电子衍射图谱（XRD）	X 射线衍射仪 Bruker D8 Advance	德国
X 射线光电子能谱（XPS）	ESCALAB 250 多功能表面分析仪	美国
拉曼光谱（Raman spectroscopy）	显微拉曼光谱仪 RM 2000	英国
紫外漫反射光谱（UV-vis DRS）	紫外可见分光光度计 Analytik Jena Specord S600	德国
电化学阻抗谱（EIS）	上海辰华 CHI-660B	中国
光电化学检测（PEC）	上海辰华 CHI-660B	中国

3.1.3 氮杂石墨烯的制备

首先，采用第 2 章描述的氧化石墨为起始原料，制备氮杂石墨烯(NG)[140]。具体过程如下：在烧杯中加入一定量的氧化石墨，加入相对于氧化石墨质量 800%的甘氨酸，分散在超纯水中，所得的混合物在超声 2h 后转移至氧化铝瓷舟中。将瓷舟置于管式炉中在氩气氛围下以 5℃/min 的速度升温至 500℃并维持 2h，自然冷却后得到 NG。

3.1.4 氮杂石墨烯-溴化氧铋(NG-BiOBr) 的制备

采用一步湿化学法制备 NG-BiOBr 纳米复合物，具体操作过程如下：将 0.12g $Bi(NO_3)_3 \cdot 5H_2O$ 溶于超纯水中，用硝酸（HNO_3）溶液将其 pH 值调至 3。另外，将 1.56mg 的 NG 分散于 8×10^{-3}mol/L 的 CTAB 溶液中超声混合均匀。然后将 $Bi(NO_3)_3 \cdot 5H_2O$ 溶液缓慢滴入 NG 和 CTAB 的混合溶液中。接着，将该混合液转入圆底烧瓶中于 80℃油浴反应 3h。反应完成后，将收集的沉淀物用乙醇和水反复洗 3 次，80℃烘箱干燥备用，得到 NG-BiOBr 纳米复合物。在不添加甘氨酸的条件下用同样的过程制备石墨烯-BiOBr（GR-BiOBr）纳米复合物。

3.1.5 PEC 适配体传感器的制备

在对氧化铟锡(ITO) 导电玻璃进行修饰前，先对其进行预处理，将 ITO 电极先置于 1mol/L 氢氧化钠中煮沸 20～30min，再分别用丙酮、水和无水乙醇经超声洗涤干净，氮气吹干备用。将制备的 NG-BiOBr 纳米复合物分散在 *N*,*N*-二甲基甲酰胺（DMF）中，获得 2mg/mL 的 NG-BiOBr 分散溶液。接着，将实际修饰面积调整为 0.5cm^2，采用移液枪量取 20μL NG-BiOBr 的分散液修饰到 ITO 表面，并在红外灯下烘干，得到 NG-BiOBr 修饰的 ITO，记作 NG-BiOBr/ITO。作为对比，利用上述方法分别制备得到 BiOBr 和 GR-BiOBr 修饰的 ITO，记作 BiOBr/ITO 和 GR-BiOBr/ITO。进一步将 15μL MC-LR 的适配体溶液（3μmol/L）修饰在 NG-BiOBr/ITO 电极表面，待其在室温下温育 4h 后，分别用缓冲溶液和超纯水淋洗，室温干燥，得到 PEC 传感器电极 Aptamer/NG-BiOBr/ITO。

将制备的 Aptamer/NG-BiOBr/ITO 置于 5mL 缓冲溶液中（pH＝7.4），

偏压为0.0V，以铂丝（Pt）电极为辅助电极，饱和甘汞电极（SCE）作为参比电极，以 *i-t* 曲线法收集PEC信号；再将Aptamer/NG-BiOBr/ITO依次浸入从小到大不同浓度MC-LR溶液里温育0.5h收集PEC信号，根据不同浓度的MC-LR与对应的PEC信号强度关系建立标准曲线。

3.1.6 电化学实验方法

所有电化学实验均在型号为CHI-660B的工作站上实施，光源为氙灯平行光源系统，并以500W氙灯装配滤光片作为可见光源，装置如图3.1所示。采用传统的三电极体系：参比电极（SCE）、辅助电极（Pt）和工作电极（制备的材料修饰的ITO）。电化学阻抗（EIS）的测试体系为含有0.1mol/L KCl的5mmol/L $Fe(CN)_6^{3-}$/$Fe(CN)_6^{4-}$ 溶液。具体参数设置如下：初始电位为0.23V，交流振幅为5mV，频率设定为0.1Hz～100kHz。

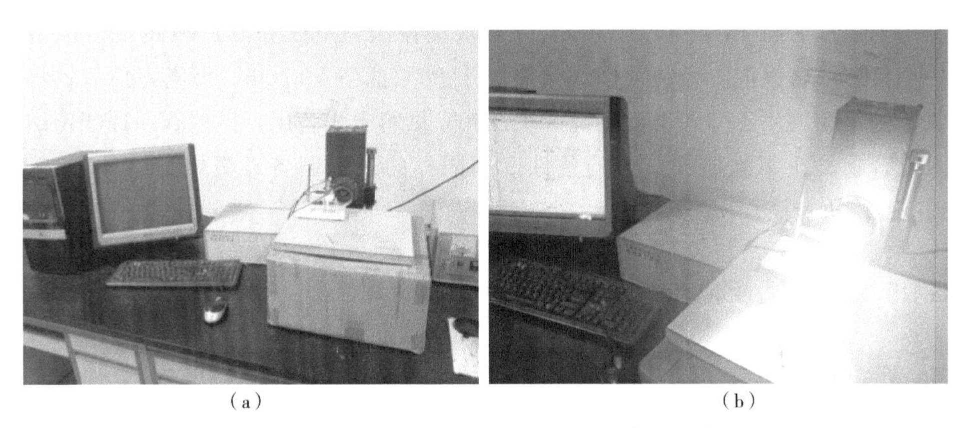

（a）　　　　（b）

图3.1　光电化学分析检测仪（a）和光电化学分析检测仪光照条件下的示意图（b）

3.1.7 用于MC-LR检测的鱼组织的制备、萃取及检测过程

用于实际样检测的鱼样品购买于镇江当地的超级市场。如图3.2所示，首先将鱼去骨、剥皮并切碎，放入搅拌机中搅拌进行均质化，然后采用文献中报道的方法对其萃取[155,156]，具体方法如下：精确称量5.0g均质的鱼肉组织和加入了不同标准浓度的MC-LR的鱼肉组织样品，放入10mL聚四氟乙烯的离心管中，加入甲醇作为溶剂，接着将混合物置于1800r/min下处理5min。获得的溶液再在4000r/min下离心处理两次，每次10min。然后收集其上清液，

并对残留物进行二次萃取。最后，利用 0.45μm 的沃特曼尼龙滤膜对上清液进行过滤，并用缓冲溶液以 1∶10 的比例对滤液进行稀释，备用。

对于鱼提取物中 MC-LR 的含量进行评估的准确性是通过计算标准加入法的回收率来衡量的。所制备的 PEC 适配体传感器，置于室温下加入标准浓度的 MC-LR 后的样品溶液中，温育 30min 后记录光电流信号。

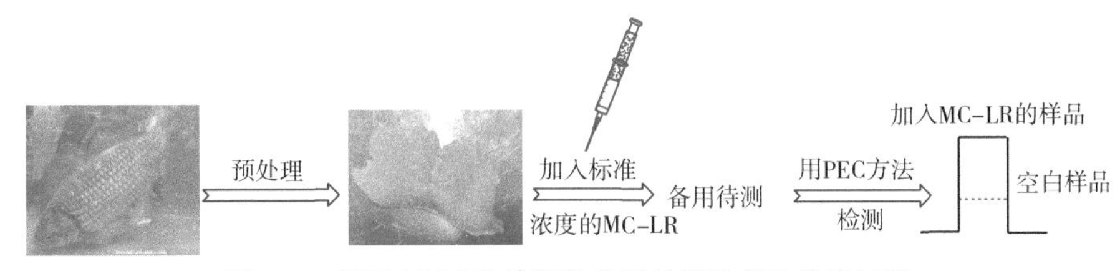

图 3.2　用于 MC-LR 检测的鱼样的预处理和检测过程

3.2　结果与讨论

3.2.1　NG-BiOBr 纳米复合物的形貌和结构表征

图 3.3（a）是 NG-BiOBr 纳米复合物的 TEM 图。图中可明显地观察到 NG 呈现石墨烯基材料特有的层状褶皱结构；BiOBr 纳米片分布在二维的 NG 片层表面和边缘。图 3.3（b）是 BiOBr、GR-BiOBr 和 NG-BiOBr 纳米复合物

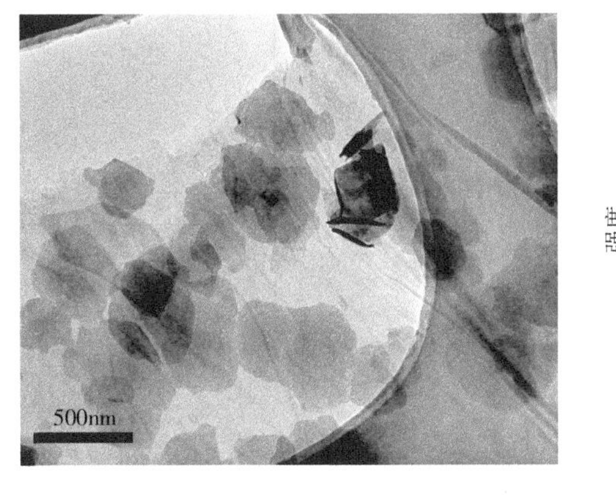

（a）

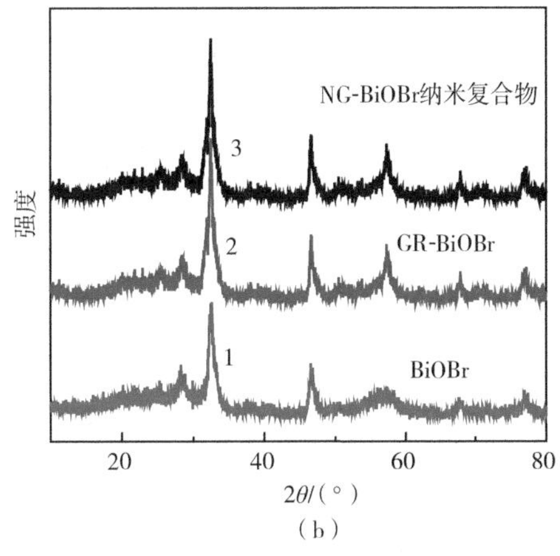

（b）

图3.3　NG-BiOBr 纳米复合物的 TEM 图（a）和 XRD 谱图（b）

1—BiOBr；2—GR-BiOBr；3—NG-BiOBr 纳米复合物

的 XRD 衍射图谱。曲线 1、2 和 3 具有相似的特征衍射峰，与正方晶相的 BiOBr 的标准卡片相对应（JCPDS，card no：73-2061）[157,158]，晶格参数为 $a=3.915$，$c=8.076$。这不仅说明了所制备的纳米材料中成功形成了 BiOBr 的基本晶型，还说明了 GR 和 NG 的引入，并没有影响复合物中 BiOBr 的晶型结构。此外，在 GR-BiOBr 和 NG-BiOBr 纳米材料中没有观察到 NG 的特征峰，大概是因为复合物中 NG 掺杂量较少的缘故。

3.2.2 NG-BiOBr 纳米复合物的 Raman 图谱

图3.4 为制备的 BiOBr（曲线 1 ）和 NG-BiOBr（曲线 2）纳米复合物的 Raman 图谱。由图可知，二者均在 110cm^{-1}、150cm^{-1} 和 384cm^{-1}左右有特征峰出现，其中 110cm^{-1}附近是 A_{1g}内部 Bi—Br 的伸缩振动峰，150cm^{-1}附近是 e_g内部 Bi—Br 的伸缩振动峰，而 384cm^{-1}附近是 BiOBr 结构中 Bi—O 化学键的特征峰[152,153]。与此同时，NG-BiOBr 纳米复合物在 1358cm^{-1} 和 1588cm^{-1} 处出现两个较强的 NG 特征峰，其可分别解读为 NG 的 D 带和 G 带，这说明 NG-BiOBr 纳米复合物中成功掺杂了 NG。

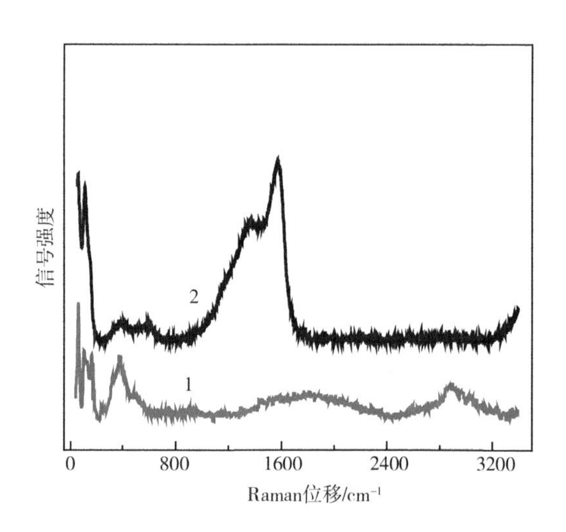

图 3.4　BiOBr 和 NG-BiOBr 纳米复合物的 Raman 图谱

3.2.3 NG-BiOBr 纳米复合物的 XPS 表征

XPS 分析技术被用于证实所制备的 NG-BiOBr 纳米复合物中是否有氮元

素的存在。图 3.5 为 NG-BiOBr 纳米复合物的 XPS 全谱。从图中可以看出，NG-BiOBr 纳米复合物由铋（Bi）、溴（Br）、碳（C）和氧（O）元素组成。由插图所示的 N 1s 高分辨 XPS 图可知，397eV 附近的峰为 N 1s 的特征吸收峰，这说明氮元素已成功掺入 NG-BiOBr 纳米复合物中。

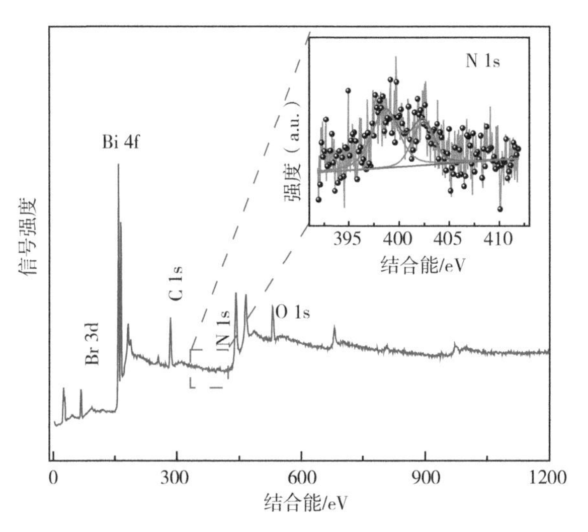

图 3.5　NG-BiOBr 纳米复合物的 XPS 全谱

图中插图为 N 1s 的高分辨 XPS 图谱

3.2.4　UV-vis DRS 测试

BiOBr、GR-BiOBr 和 NG-BiOBr 纳米复合物的 UV-vis DRS 测试结果如图 3.6 所示。从图中我们可以观察到 BiOBr 本身就是一种可见光响应的纳米材料，复合材料在掺入 GR 和 NG 后，吸收峰位置明显红移。这可能是因为复合物中 GR 和 NG 的存在，大大降低了光的反射，从而增强了其在可见光范围内的吸收[159,160]。这种增强的可见光吸收将引发更多光生电子-光生空穴对的形成，进而大大增强半导体材料的光电化学活性[161]。由图可知，三种不同组分的纳米材料中，NG-BiOBr 纳米复合物表现出最明显的红移，因而有利于提高其光电化学活性，为进一步构筑高灵敏的 PEC 传感平台提供了有利条件。

3.2.5　不同材料修饰的光电极的 PEC 性能和 EIS 表征

为了探究不同修饰电极的 PEC 性能，对 BiOBr/ITO、GR-BiOBr/ITO 和

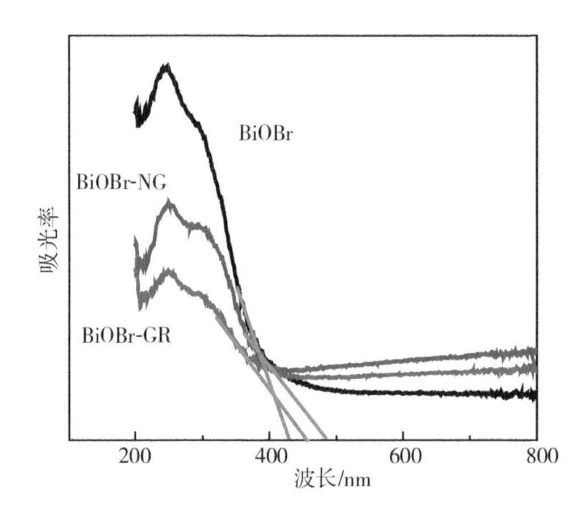

图 3.6 BiOBr、GR-BiOBr 和 NG-BiOBr 纳米复合物的 UV-vis DRS 图谱

NG-BiOBr/ITO 电极在可见光照射下的光电流响应情况进行了记录，实验结果如图 3.7 所示。由图可知，在可见光照射下，BiOBr 表现出良好的光电化学响应，响应电流值为 88.7nA。而 GR-BiOBr/ITO 和 NG-BiOBr/ITO 电极的光电流响应明显增大，其中 NG-BiOBr/ITO 电极的光电流响应值大约是 BiOBr/ITO 的 4.6 倍，是 GR-BiOBr/ITO 的 2 倍。这说明 NG 比 GR 具有更强的加快电子转移速率的能力，从而能更有效地促进光生电子-空穴的分离，抑制其重组过程的发生[162]。

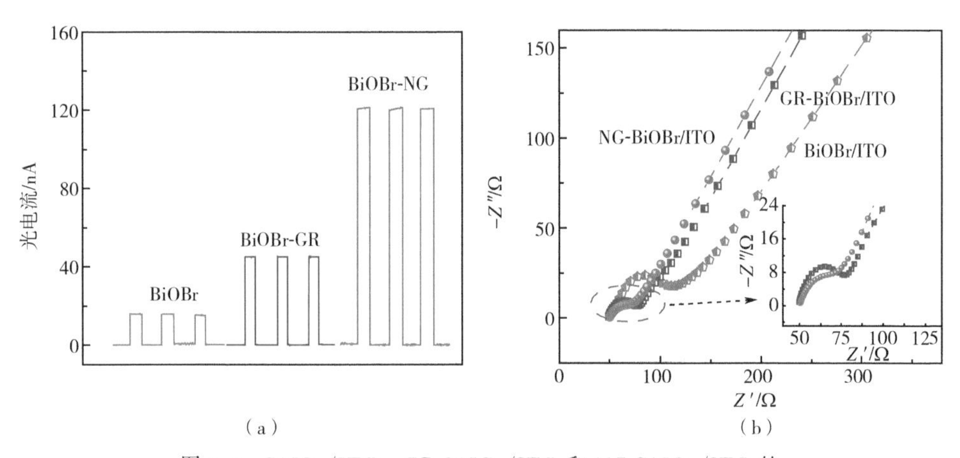

图 3.7 BiOBr/ITO、GR-BiOBr/ITO 和 NG-BiOBr/ITO 的瞬时光电流图（a）和对应的 EIS 图谱（b）

此外，复合物中 BiOBr 和 NG 两者之间产生的 p-n 型异质结，促进了电荷

的有效分离，因而大大增强了其光电化学活性[163]。这种改善的电荷分离效应可以通过 EIS 表征技术得以证实，如图 3.7 所示，NG-BiOBr/ITO 阻抗图谱的半圆直径最小，说明掺入 NG 后的 NG-BiOBr/ITO 阻抗值最小，因而具有最佳的加速光生电子产生的能力，可产生最大的光电流响应值。

3.2.6　传感器制备过程的 EIS 表征和光电流性能

通过考察传感器组装过程的 EIS 谱图,我们证实了该 PEC 生物传感器的成功制备。从图 3.8（a）可以看出，NG-BiOBr 的电化学阻抗值最小，当适配体修饰到其表面后，其阻抗值明显增大，这是由于适配体的磷酸骨架和探针分子 $Fe(CN)_6^{3-}/Fe(CN)_6^{4-}$ 电荷极性相同，因而限制了电荷的有效转移。当制备的传感电极 Aptamer/NG-BiOBr/ITO 与 1nmol/L 的 MC-LR 温育反应 0.5h 后，传感器的阻抗值由于目标物 MC-LR 与传感器特异性结合改变了构象而显著降低。图 3.8（b）记录了所制备的 PEC 适配体传感器的光电流响应情况，结果发现，与目标检测物 MC-LR 结合后，光电流响应值显著增大，基于此信号的增强效应，能够达到对 MC-LR 定量分析的目的。

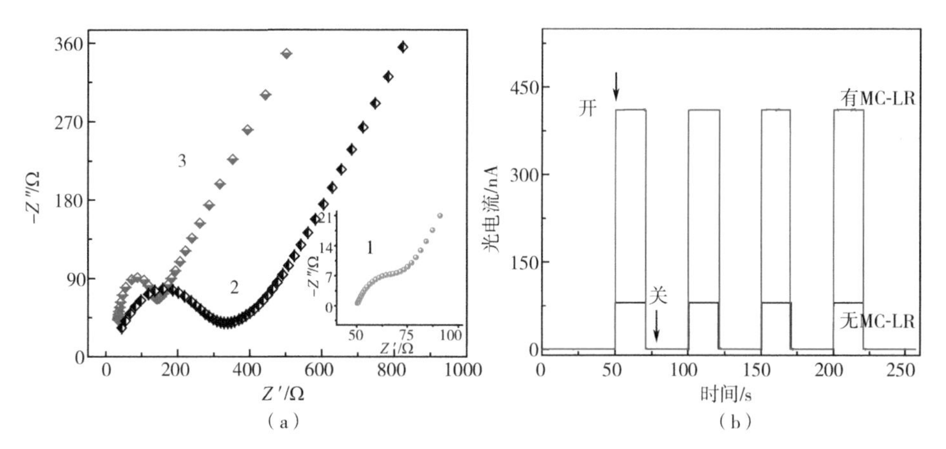

图 3.8　PEC 传感器制备过程的 EIS 图谱（a）和检测过程的光电流响应图（b）

1—NG-BiOBr/ITO；2—Aptamer/NG-BiOBr/ITO 与 1nmol/L MC-LR 结合前；

3—Aptamer/NG-BiOBr/ITO 与 1nmol/L MC-LR 结合后

3.2.7　PEC 适配体传感器的条件优化

为了实现 PEC 适配体传感器的高效性,对适配体传感器的制备和检测过程涉及的各种影响因素进行优化必不可少。首先，对适配体负载于 NG-BiOBr/ITO 的时间进行了优化。由图 3.9（a）可知，随着负载时间的增加，制备的传感电极的光电流反而逐步降低，当达到 30min 时，体系的光电流趋向于一个稳定值，这意味着电极表面负载的适配体数量已经达到饱和，因此，选择 30min 作为整个实验的适配体负载时间。图 3.9（b）研究了适配体浓度对传感平台性能的影响。研究发现，光电流的数值随着适配体浓度的增加而逐渐减小，当其浓度大于 3μmol/L 后，其光电流值趋向于一个稳定值。因而，选择 3μmol/L 作为传感体系的最优适配体浓度。

此外，也考察了所构筑的传感器与目标物 MC-LR 的结合时间和体系 pH 值对其传感性能的影响。由图 3.9（c）可知，在结合作用的时间超过 30min 后，传感器的 PEC 信号趋于一个稳定值，故采用 30min 作为后续实施检测的最优结合时间。图 3.9（d）表明 PBS 缓冲溶液的酸碱性也会影响传感器的实

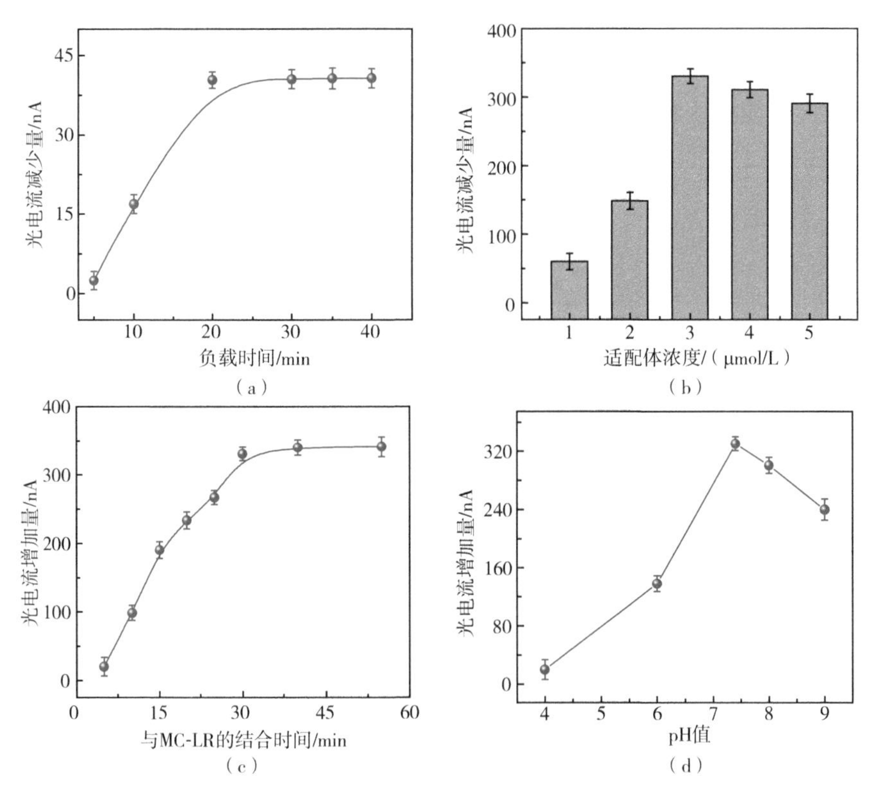

图 3.9 适配体负载时间（a）、适配体浓度（b）、结合时间（c）和 pH 值（d）对传感器性能的影响

际性能。在 pH＝4～7.4 之间，传感器的 PEC 信号值随 pH 值增加而明显增大；当体系 pH 大于 7.4，其 PEC 响应电流逐步减小，因而选择 pH＝7.4 为该传感器实施检测的最优 pH 环境。

3.2.8 PEC 适配体传感器的分析表现和检测机理

基于信号打开（“Signal-On”）策略，该 PEC 适配体传感器被应用于 MC-LR 的测定。图 3.10（a）展示了在可见光激发下，所制作的 Aptamer/NG-BiOBr/ITO 电极在捕获不同浓度 MC-LR 后的光电流响应情况。随着 MC-LR 浓度的增加，该 PEC 检测体系的光电流强度显著增加，且其 PEC 强度值与 MC-LR 浓度的对数在 0.1pmol/L～100nmol/L 区间内呈现线性相关性，线性相关系数（R^2）值可达 0.999［图 3.10（b）］，检出限可以达到 3.3×10^{-2}pmol/L（信噪比为 3）。

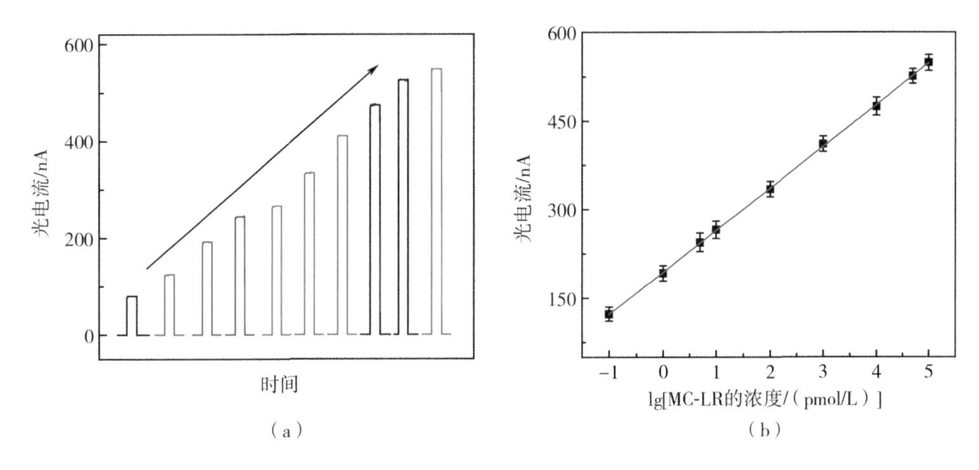

图 3.10　所构筑的 PEC 适配体传感器在与不同浓度 MC-LR 温育后的光电流响应图（a）和对应的线性关系图（b）

基于现有文献报道的阐述，BiOBr 在光照条件下可以催化氧化 MC-LR 的降解[164]，该传感器的检测机理推断如下：传感界面捕获 MC-LR 分子后，被 BiOBr 在光激发下生成的空穴所氧化，进而促进了光生电子-空穴对的有效分离，抑制了二者的重组过程，因而使其光电流值增强（图 3.11）。由此，成功构建了一个基于信号打开（“Signal-On”）策略的 PEC 适配体传感器。

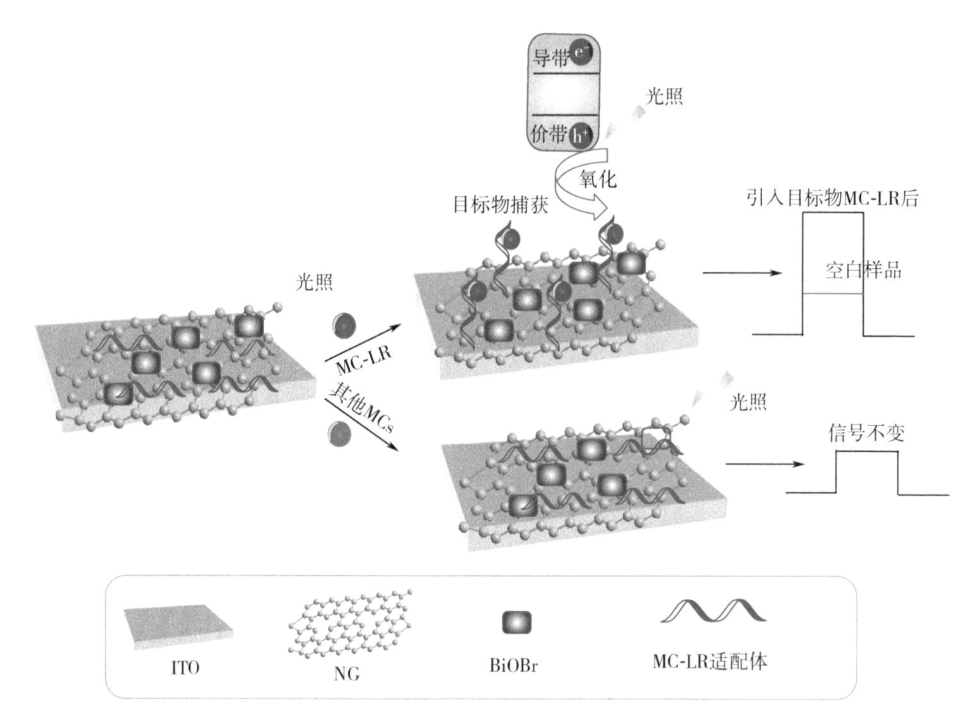

图 3.11 基于 NG-BiOBr/ITO 电极构建的 PEC 适配体传感器的检测示意图

3.2.9 PEC 适配体传感器的选择性、重现性及稳定性

为了评估所构建传感器的特异性，考察了其在和目标物 MC-LR 结构相似的分子 MC-LA、MC-YR 及非特异性 DNA 存在下与适配体传感器的作用效果，如图 3.12 所示，MC-LA 和 MC-YR 不会对其检测结果产生干扰，仅在 MC-LR 存在的条件下，该传感器的 PEC 信号强度显著增加。另外，为了排除微囊藻毒素与传感界面的非特异性结合对检测结果产生干扰的可能性，考察了非特异性 DNA 用相似的方法负载在 NG-BiOBr/ITO 电极表面与 MC-LR 温育后的光电流响应情况。结果表明，非特异性 DNA 序列制备的传感器在与目标物结合后不会促使光电流发生明显的变化。这说明了所制备的 PEC 传感器具有良好的选择性，对 MC-LR 的专一性检测是基于 MC-LR 与其适配体之间能够特异性识别的原理。

重现性和稳定性是评价传感器性能的重要参数。对五组独立制备的 Aptamer/NG-BiOBr/ITO 电极与相同浓度的 MC-LR 结合后的光电流响应结

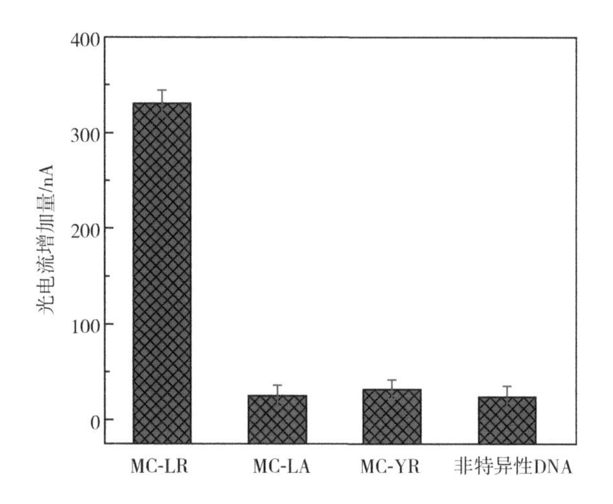

图 3.12 适配体传感器对 1.0nmol/L MC-LR、MC-LA、MC-YR 和非特异性 DNA 的光电流响应图

果进行考察，发现测试数据结果的标准偏差为 3.46%，表明其具有良好的重现性。此外，对同一个修饰电极连续测量 5 次，标准偏差为 7.6%，进一步将其在 4℃的冰箱里存储两个星期，测试其检测信号，发现没有发生显著变化。综上所述，该 PEC 适配体传感体系具有良好的重现性和稳定性。

3.2.10 PEC 适配体传感器应用于鱼样品中 MC-LR 的检测

将所建立的方法应用于一系列鱼样品（未污染的和加入标准浓度样的）中的 MC-LR 的检测。实验结果如表 3.3 所示，所研发的 PEC 传感器在实际鱼样品的检测中回收率在 97.8%～101.6%范围内，标准偏差为 2.52%～5.14%，意味着该 PEC 传感平台可成功实现鱼样品中 MC-LR 的检测，在实际样品中有较高的检测可靠性。

表 3.3 鱼样品中 MC-LR 的 PEC 方法检测结果

样品	标准浓度/(nmol/L)	检测结果/(nmol/L)	回收率/%	R.S.D/%
1	0	0	—	—
2	0.1	0.0991	99.1	3.22
3	1	0.9782	97.8	2.52
4	5	5.0822	101.6	5.14

本章小结

① 以简单温和的湿化学法制备了 NG-BiOBr 纳米复合物，对比实验研究结果表明，相较于 BiOBr 和 GR-BiOBr，该纳米复合物在可见光范围的吸收明显增强，电子转移速率也显著提升，促使其电荷分离效率大大增强；

② 采用此性能优异的纳米材料作为光电转换敏感元件，适配体分子为特异性识别 MC-LR 的元件，建立了一种高选择性和高灵敏度检测 MC-LR 的 PEC 适配体传感方法；

③ 所构建的 PEC 适配体传感器，呈现出一种信号打开（“Signal-On”）型的光电流响应，光电流响应值随着 MC-LR 浓度的增加而增加，在最优条件下，其 PEC 信号与 MC-LR 浓度的对数呈现良好的线性关系，线性范围为 0.1pmol/L～100nmol/L，检出限低达 0.033pmol/L；

④ 该 PEC 适配体传感器还呈现出优异的选择性、重现性和稳定性，因此可应用于鱼样品中 MC-LR 的检测。

第4章

氮杂石墨烯-AgI基光电化学适配体传感器用于鱼样品中MC-LR检测

近年来，电化学生物传感器表现出优异的灵敏度、选择性、简单和低成本等优势[165]，已经发展成为一种极具潜力的分析方法，渐渐被研究人员应用于MC-LR的检测。例如，Han等[165]利用生长于Si基底上的多壁碳纳米管负载抗体作为生物识别元件，建立了一种高选择性的法拉第电化学阻抗法（EIS）用于检测饮用水的MC-LR含量，检出范围为0.05～20μg/L，比世界卫生组织（WHO）对饮用水中的安全限定值1μg/L要低得多。随后，一些基于适配体作为特异性识别元件的电化学传感器也陆续被报道，对MC-LR的检测具有较好的分析结果，检测范围可达0.1pmol/L～100nmol/L[61,63]。最近的研究表明，光电化学（PEC）适配体传感，来源于光电化学和核酸适配体技术的融合，因而也结合了二者的优点，已经迅速发展成为分析领域的一种新兴的分析方法[80]。由于这种方法自诞生以来发展时间较短，PEC适配体传感还有很多未知的方面有待研究者去进一步探讨。如目前大量的研究工作集中在对各种PEC适配体传感方法的建立以及对其应用范围的拓展，而在传感机理方面的研究工作还相对匮乏。因而，弄清PEC适配体传感的作用机制对完善PEC相关理论和PEC的稳健发展，具有重要意义。

PEC适配体传感器主要通过信号打开（“Signal-On”）与信号关闭（“Signal-Off”）型两种基本检测模式来实现。目前，研究者将信号打开（“Signal-On”）型的PEC适配体传感器的机理归纳为两种：①目标物分子被传感界面的适配体捕获后，经历了光催化氧化过程，消耗了体系中的光生空穴，阻碍了电子-空穴对的重组过程，因而使得体系PEC信号增强，呈现信号打开（“Signal-On”）的响应[152,166]；②目标物分子被传感界面的适配体捕获后，改变了适配体的构象，迫使适配体从传感界面解离，从而减小了传感界面电子转移的阻碍，因此PEC信号得以恢复，呈现信号打开（“Signal-On”）的响应[167]。对于信号关闭（“Signal-Off”）型的PEC适配体传感器而言，机理一般阐述如下：目标物与其适配体特异性结合后，在传感界面产生位阻效应，阻碍了电子受体或供体靠近传感界面，因而体系的PEC信号减小，呈现信号关闭（“Signal-Off”）的响应[168-170]。这些理论为PEC适配体传感领域的应用研究奠定了基础，为实际应用的开展提供了坚实的理论指导。然而，现有的PEC适配体传感理论也有其局限性，不能推广到所有的目标物中去，因而不能成为该领域的通用型理论。因此，开展有关研究对现有理论进行补充解释，探究和弄清PEC传感过程的电荷转移机制，刻不容缓。此外，为了在探究PEC传感机理方面实现突破，结合科学本质属性和相关领域的理论基础，开发新的实验技术为其佐证也是目前迫切需要的。

鉴于目前 PEC 传感理论的局限性，在本研究中，采用氮杂石墨烯-碘化银（NG-AgI）作为光电转换材料，在其表面负载 MC-LR 的适配体分子，发展了一种独特的“Signal-Off”响应型的 PEC 适配体传感平台测定 MC-LR 的方法，提出了一种新型的电子流向理论，并通过光致发光（PL）和时间相关单光子计数（TCSPC）技术加以证明。所发展的检测方法不仅表现出良好的专一性和灵敏性，还表现出优异的稳定性和重现性，可实现对鱼样品中 MC-LR 含量的测定。

4.1 实验部分

4.1.1 药品与试剂

见表4.1。

表 4.1　各种药品与试剂名称、化学式、纯度以及生产厂家

名称	缩写或化学式	纯度/规格	生产厂家
硝酸银	$AgNO_3$	A. R.	上海精细化工材料研究所
碘化 1-丁基-3-甲基咪唑	[Bmim]I	≥99%	上海成捷化学有限公司
三乙醇胺	TEA	A. R.	Sigma-Aldrich
微囊藻毒素	MC-LA、MC-YR 和 MC-LR	100μg/mL	上海 J&K 百灵威试剂公司
MC-LR 适配体	Aptamer	A. R.	生工生物工程股份有限公司

注：1. 实验中的溶液所涉及的水均是超纯水。

2. MC-LR 适配体的序列为：5′-GGC GCC AAA CAG GAC CAC CAT GAC AAT TAC CCA TAC CAC CTC ATT ATG CCC CAT CTC CGC-3′。

3. MC-LR 适配体溶液的配制方法：将 MC-LR 适配体溶解在 pH=7.4 的 50mmol/L Tris-HCl 溶液中（其中溶质有 0.1mol/L NaCl、5.0mmol/L $MgCl_2$、0.2mol/L KCl 及 1.0mmol/L EDTA）。

4. MC-LR 标准品浓度的配制方法：将购买的 MC-LR 标准品溶解在上述 50mmol/L Tris-HCl 溶液中，并由高到低逐级稀释到目标浓度。

4.1.2 实验仪器

见表4.2。

表 4.2　实验仪器列表

项目	实验仪器	产地
X 射线电子衍射图谱（XRD）	X 射线衍射仪 Bruker D8 Advance	德国
X 射线光电子能谱（XPS）	ESCALAB 250 多功能表面分析仪	美国
拉曼光谱（Raman spectroscopy）	显微拉曼光谱仪 RM 2000	英国
透射电子显微图谱（TEM）	JEOL 2100	日本
元素成像图	JEOL JSM-7001F	日本
电化学阻抗谱（EIS）	上海辰华 CHI-660B	中国
光电化学检测（PEC）	上海辰华 CHI-660B	中国
荧光光谱和瞬态荧光图谱	Edinburgh Instruments FS5 荧光计	英国

4.1.3　氮杂石墨烯-碘化银(NG-AgI) 纳米复合物的制备

将按照第 3 章所述方法制备的 NG（5mg）溶于 8mL 乙二醇中，超声 20min，加入 64mg [Bmim] I 继续超声至形成均一的溶液 A。同时，将 41mg $AgNO_3$分散于 2mL 氨水中形成银氨溶液 B，接着将银氨溶液 B 缓慢加入上述溶液 A 中。将上述混合物转入圆底烧瓶中于 90℃条件下油浴反应 6h。反应完成后，将制备的沉淀物分别用乙醇和水洗涤 3 次，60℃干燥备用，所得到的样品记为 NG-AgI 纳米复合物。作为对比，在不加入 NG 的条件下用相似的过程制备单一的 AgI 样品。

4.1.4　PEC 适配体传感器的制备

在对导电玻璃 ITO 进行修饰前,先对其进行预处理，将 ITO 电极置于 1mol/L 氢氧化钠中煮沸 20～30min，再依次用丙酮、二次蒸馏水及乙醇超声清洗，氮气吹干备用。将所制备的 NG-AgI 纳米复合物分散在 DMF 中，得到浓度为 2mg/mL 的 NG-AgI 纳米复合物分散液。接着，将修饰面积调整为 0.5cm^2，量取 20μL NG-AgI 分散液修饰到 ITO 表面，红外灯下烘干，得到 NG-AgI 修饰的 ITO，记作 NG-AgI/ITO。作为对比，利用上述方法制备 AgI 修饰的 ITO，记作 AgI/ITO。最后，将 15μL 适配体溶液（3μmol/L）滴涂在 NG-AgI/ITO 电极表面，待其在室温下温育 4h 后，采用 Tris-HCl 缓冲溶液和超纯水淋洗，室温干燥。所有电化学实验均采用第 3 章所述过程来实现。

4.2　结果与讨论

4.2.1　XRD 谱图

所制备纳米材料的相结构分析通过 XRD 衍射图谱来实现。图 4.1 中曲线 1 和 2 分别是 AgI 和 NG-AgI 纳米复合物的 XRD 图谱。通过与标准卡片比对，所制备的材料属于六方晶系的 β-AgI（JCPDS，card no：09-0374），可以明显地观察到 β-AgI 对应的（100）、（002）、（101）、（102）、（110）、（103）、（200）及（112）晶面。事实上，在室温下 AgI 总是以两种特征相共同存在，一种是纤维锌矿结构的六方晶相 β-AgI，另一种是立方晶相 γ-AgI[171]。位于 22.9°、39.1°和 46.2°处的特征峰对应于（002）、（110）及（112）晶面，是两种不同晶相 β-AgI 和 γ-AgI 的重合峰[172]。此外，图中还可以明显看出 AgI 的 XRD 特征峰在掺杂 NG 前后没有发生明显变化，说明在复合材料中引入 NG 不会影响 AgI 本身的基本晶型结构。

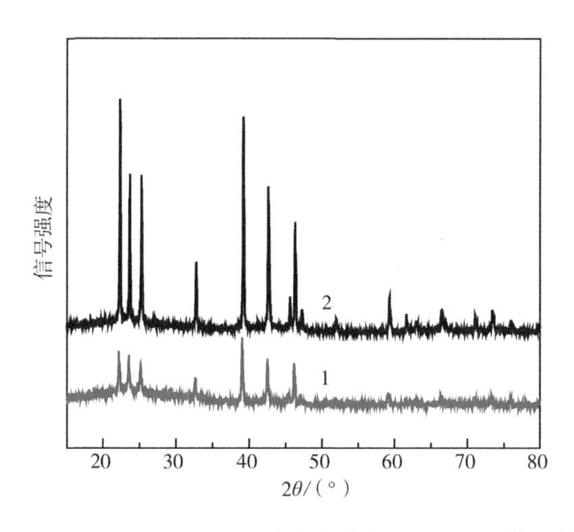

图 4.1　AgI 和 NG-AgI 纳米复合物的 XRD 衍射图谱

4.2.2　NG-AgI 纳米复合物的 XPS 表征

纳米材料的化学组成、纯度以及电子价态可以通过 XPS 技术研究。图 4.2

(a) 展示了 NG-AgI 纳米复合物的全范围 XPS 谱图。由谱图可以观察到分别位于 365.7eV、631.7eV、572.5eV、286.6eV、400.2eV 及 531.0eV 的 Ag 3d、I 3d、Ag 3p、C 1s、N 1s 及 O 1s 的特征光电子谱线[173,174]，这证实了复合物中存在上述所有元素。图 4.2 (b) 为 N 1s 的高倍 XPS 图谱，其位于 399.1eV、400.4eV 和 401.7eV 的特征峰分别对应于吡啶氮、氨基氮和吡咯氮[140]。图 4.2 (c) 为 Ag 3d 的高倍 XPS 图谱，图中位于 367.9eV 和 373.9eV 的峰分别对应于 Ag $3d_{5/2}$ 和 Ag $3d_{3/2}$，是一价银 (Ag^+) 的特征峰[175,176]。图 4.2 (d) 中位于 619.70eV 和 631.20eV 的特征峰分别对应于 I $3d_{5/2}$ 和 I $3d_{3/2}$。上述 XPS 的实验结果与 XRD 结果一致，证实了纳米复合物的成功制备。

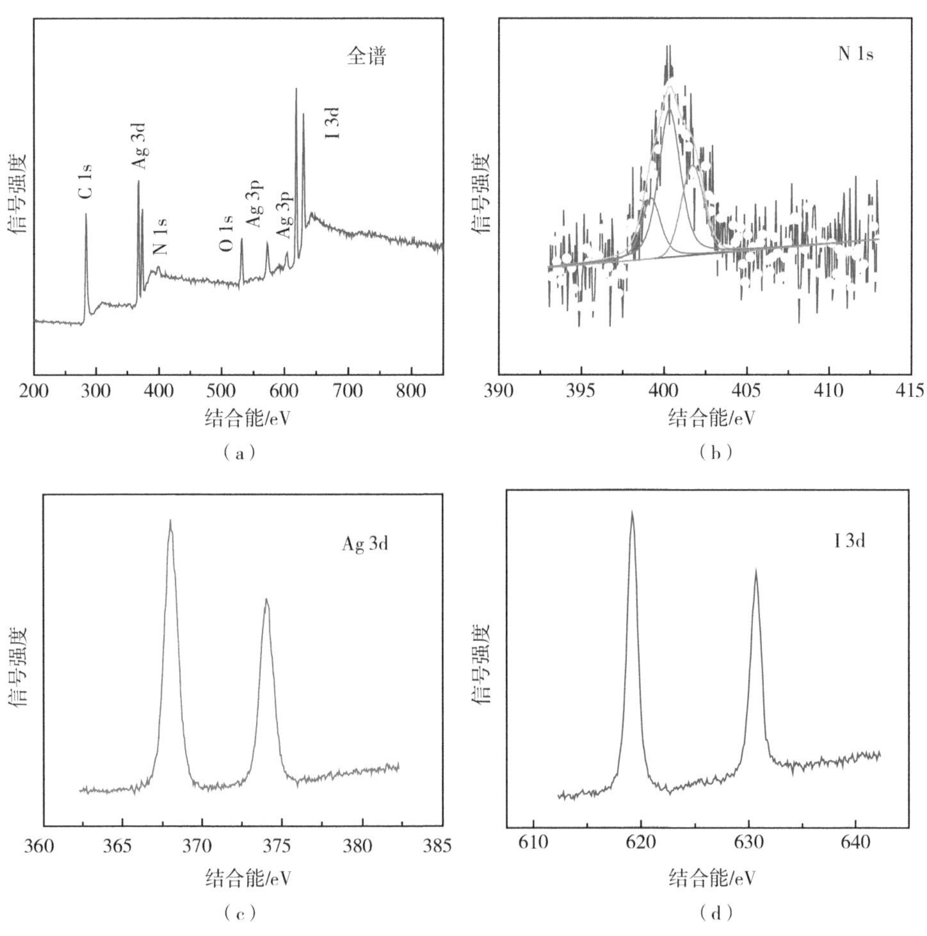

图 4.2 NG-AgI 纳米复合物的 XPS 全谱 (a) 和 N 1s (b)、Ag 3d (c) 和 I 3d (d) 的高倍 XPS 图谱

4.2.3　Raman 表征

为了进一步证实复合物中 NG 组分的存在，Raman 技术被用于 NG 和 NG-AgI 纳米复合物中，结果如图 4.3 所示。D 带与石墨烯的结构混乱度、边缘缺陷和悬空键有关，G 带与 sp^2 杂化的 C-C 键密切相关，二者均是石墨烯材料的特征峰[140]。由图可知，NG 和 NG-AgI 纳米复合物的 Raman 图谱中均含有 D 带和 G 带，位于 $1338cm^{-1}$ 和 $1570cm^{-1}$ 处[176]，证实了复合材料中 NG 组分的存在。

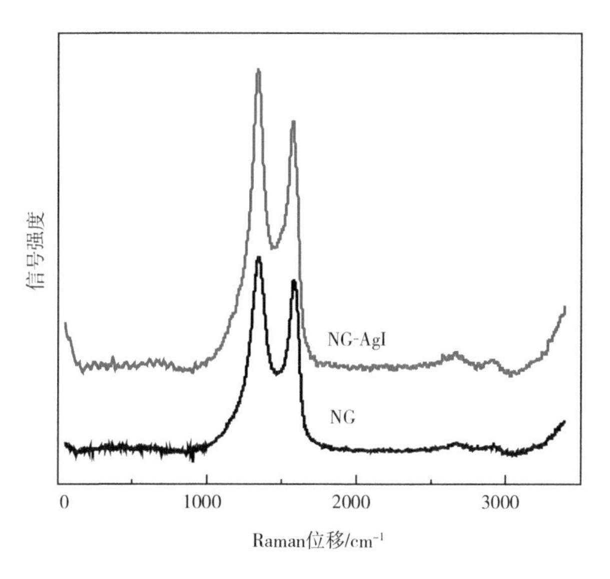

图 4.3　NG 和 NG-AgI 纳米复合物的 Raman 图谱

4.2.4　NG-AgI 纳米复合物的形貌和元素表征

纳米复合物 NG-AgI 的微观形貌信息通过 TEM 手段进行采集。由图 4.4（a）可知，NG-AgI 纳米复合物中 AgI 纳米粒子粒径分布在 30～60nm 之间，呈现较好的均一性，与此同时，NG 呈现一种典型二维石墨烯的褶皱结构。图 4.4（b）元素扫描图的分析结果进一步说明了银（Ag）、碘（I）、碳（C）和氮（N）元素的存在。所有这些表征手段均证实了纳米复合物 NG-AgI 的成功制备。

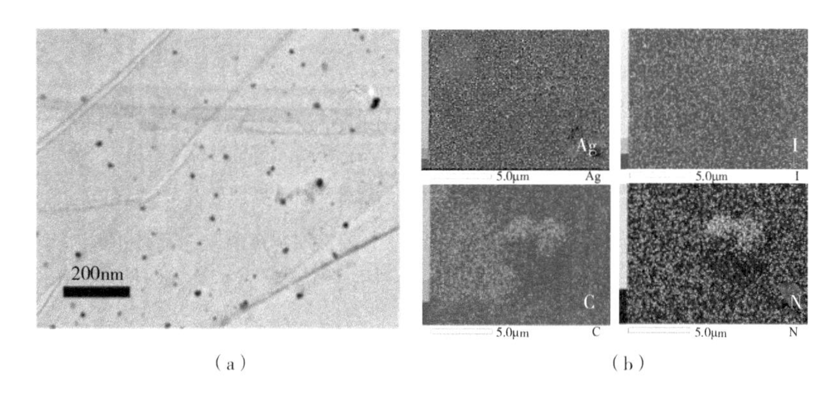

图 4.4 NG-AgI 纳米复合物的 TEM 图(a)和元素扫描分析图(b)

4.2.5 PEC 适配体传感器的 EIS 表征

EIS 作为一种测量电子转移阻抗的工具,可用于表征 PEC 适配体传感器的制备过程。由图 4.5 可知,基于奈奎斯特图的半圆直径来考察,裸 ITO 电极的 EIS 图呈现一个较小的半圆直径,R_{et}值约为 38Ω(右下插图)。由于 AgI 纳米粒子自身较差的导电能力,当其修饰到 ITO 表面,R_{et}增大到 118Ω(曲线

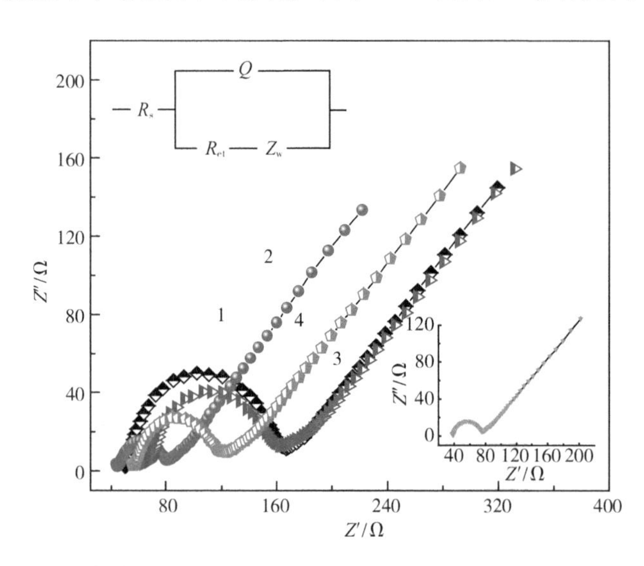

图 4.5 AgI/ITO(曲线 1)、NG-AgI/ITO(曲线 2)、Aptamer/NG-AgI/ITO(曲线 3)和 Aptamer/NG-AgI/ITO 与 5pmol/L MC-LR 温育后的 EIS 图(曲线 4)

1)。而当 AgI-NG 纳米复合物修饰到 ITO 表面，R_{et}值减小为 37Ω（曲线 2），这是因为 NG 具有优秀的电子传导能力，大大加速了体系的电子转移过程。随后，在 MC-LR 的适配体分子包覆在电极表面后，R_{et}增至约 100Ω（曲线 3），这是由于负电性的适配体与同样带负电性的 $Fe(CN)_6^{3-}/Fe(CN)_6^{4-}$ 产生静电排斥作用，阻碍了电荷的转移。最后，在所制备的 Aptamer/NG-AgI/ITO 电极与目标物 MC-LR 结合后，阻抗进一步降低（曲线 4），这是因为适配体分子与 MC-LR 结合后改变了电极表面复合物的构象，因而更利于探针分子 $Fe(CN)_6^{3-}/Fe(CN)_6^{4-}$ 靠近电极表面，从而降低了其R_{et}值[63]。左上插图为整个阻抗图谱的 Randle 等效电路图。其主要由电解质电阻（R_s）、电极/电解质电容（Q）、电荷转移阻抗（R_{et}）和 Warburg 元素（Z_w）组成。

4.2.6　PEC 适配体传感器的机理探究

由图4.6（a）可知，适配体分子的磷酸骨架增大了电极表面的位阻，阻碍了电极界面电子的转移，NG-AgI/ITO 电极在适配体分子固定在其表面后光电流从 −1.34μA（曲线 1）减小为 −0.36μA（曲线 2）。当所构建的 Aptamer/NG-AgI/ITO 与 5pmol/L 的 MC-LR 温育结合后其光电流信号进一步降低，光电流信号与捕获的 MC-LR 呈反比关系，当越多的 MC-LR 被捕获，产生的光电流信号越小。由此，成功研制了一个信号关闭（“Signal-Off”）响应的 PEC 适配体传感器。这种现象与现有文献报道的信号关闭（“Signal-Off”）型的 PEC 适配体传感器一致[168-170]。目前研究者主要是将其归因于目标物与适配体特异性识别结合后引起适配体构象的变化，导致传感界面的位阻增加，阻碍了电子受体靠近传感界面参与界面反应，从而降低了体系光电流信号的产生，因而呈现一个典型的信号关闭（“Signal-Off”）响应。但是，这样的解释无法推广到所有的目标分析物中。正如我们所知，在一些具有相似构型的 PEC 适配体传感的研制过程中，研究者却观察到了与之截然相反的信号打开（“Signal-On”）的响应，并给出了不同的解释。他们认为所观察到的信号打开（“Signal-On”）响应是由于目标分子在被适配体分子捕获后经历了光电化学氧化的过程，消耗了体系的空穴，引起光电流信号的增加[152,166]。有趣的是，甚至同一个目标物在相同的 PEC 适配体传感构型下也会呈现截然不同的结果。例如，在第 3 章的工作中，在 NG-BiOBr 作为光电活性材料用于构建 MC-LR 的适配体传感器时，我们观察到的是与本章截然不同的信号打开（“Signal-On”）现象［图 4.6（b）］。第 3 章已对其进行探讨，考虑到在有光催化剂

BiOBr 参与的条件下，MC-LR 能够被光催化氧化，其传感机理如下：在光照条件下，MC-LR 分子迅速地被 BiOBr 产生的空穴氧化，促进了电子-空穴对的分离，引起光电流的增加。

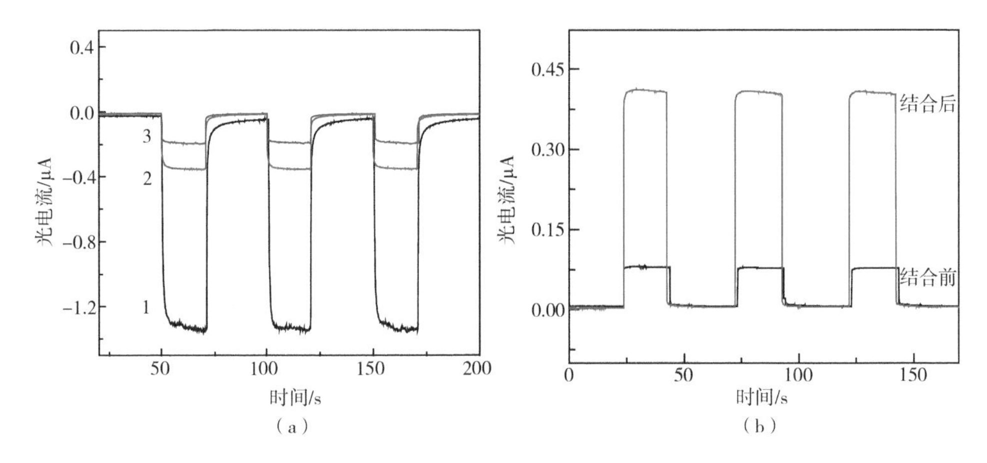

图 4.6 不同修饰电极在 5mmol/L TEA 的 PBS 中的光电流曲线（a）和 Aptamer/NG-BiOBr/ITO 与 1nmol/L MC-LR 结合前后的光电流曲线（b）

1—NG-AgI/ITO；2—Aptamer/NG-AgI/ITO；

3—Aptamer/NG-AgI/ITO 与 5pmol/L MC-LR 结合后

一般而言，在光催化过程中，分子能够被光催化氧化的先决条件是其氧化电位必须低于具有光吸收能力的半导体的价带（VB）能量[79]。然而，在本章中尽管 MC-LR 的氧化电位（0.2V）低于 AgI 的价带能量（0.55V）[176]，但理论上的光催化氧化反应依然没有发生。因此，我们推测本章的 PEC 适配体传感器的传感机理与现有文献报道所述截然不同，并对此进行大胆设想，提出的机理如图 4.7 所示。我们认为整个光刺激引发的反应共涉及 5 个电荷转移过程。具体阐述如下：在外来光源的照射下，产生光子（过程 1），半导体 AgI 的电子从 VB 跃迁到导带（CB）（过程 2），产生电子-空穴对。上述电荷分离过程一旦发生，NG-AgI 纳米结构内部的电子流向将分为 2 个走向：(i) 电子-空穴对的重组过程（过程 3），将引起 PEC 适配体传感体系光电流响应值的降低；(ii) 电子转移过程（过程 4 和 5），将引起体系光电流响应值增加[177,178]。值得一提的是，NG 一方面起到加速电子转移的作用；另一方面，发挥着电子储蓄池的作用，储存在此过程中注入 AgI 的 CB 的电子，从而避免电子-空穴对的重组，保证光电流的高效输出[161]。

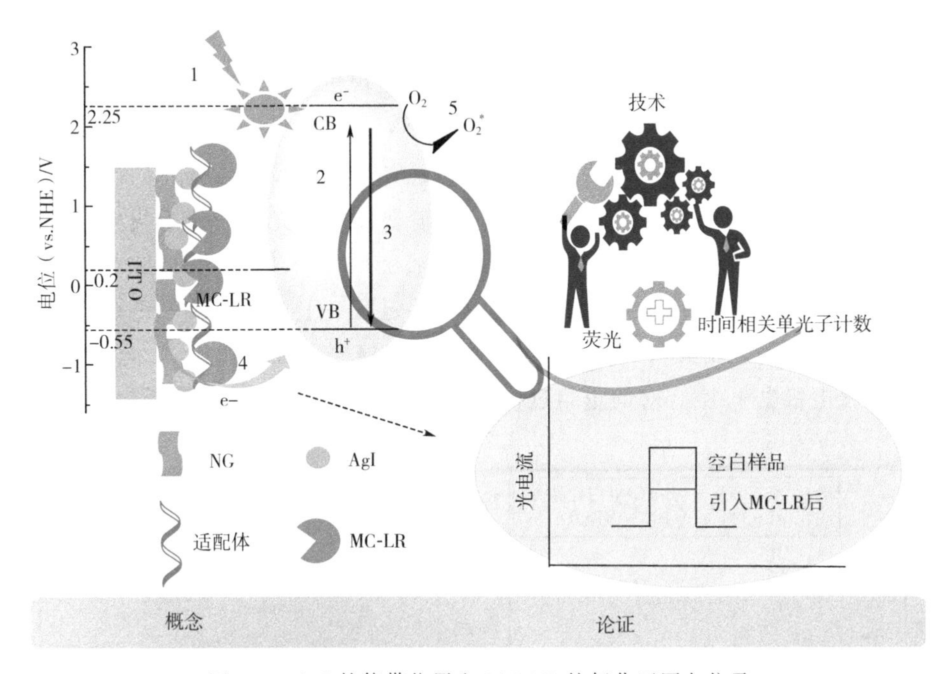

图 4.7　AgI 的能带位置和 MC-LR 的氧化还原电位及所构建的 PEC 适配体传感器的传感机理示意图

就本章所构建的体系进行具体分析，在不存在目标检测物 MC-LR 的情况下，由于 NG 和 TEA 的引入，电子-空穴对的重组过程得以有效抑制，整个适配体传感体系里电子转移过程占主导地位（过程 4 和 5），因而体系光电流呈现“Signal-On”的状态。而当该适配体传感器与 MC-LR 结合后，体系里的电子-空穴对的重组过程大大加速（过程 3），阻碍了其电子转移过程的有效进行（过程 4 和 5）。此时，体系里电子-空穴对的重组过程占主导地位，因而产生了明显的光电流猝灭的响应，呈现“Signal-Off”的状态。随着越来越多的 MC-LR 被传感界面捕获，越来越多的适配体-MC-LR 复合物随之形成，则会出现越大程度的光电流信号的降低。基于这样的猝灭过程，可构建定量分析 MC-LR 的 PEC 适配体传感平台。

4.2.7　PEC 适配体传感器的机理验证

通过 PL 技术验证上述机理的合理性。PL 光谱是一种高灵敏且无损伤的技术，用于了解半导体在光激发下的光生电子-空穴对的寿命，电荷载体捕获、迁移及转移的效率[179]。图 4.8（a）为 NG-AgI 溶液在加入 MC-LR 前后的 PL

图谱。由图可以明显看出，加入 MC-LR 后 PL 的峰强增大，证实了 MC-LR 的加入促进了电子-空穴对的重组过程[180]，与所提出的机理解释一致。为了进一步弄清该猝灭现象的原因，我们也考察了 NG-AgI 溶液在加入 MC-LR 前后的荧光寿命［图 4.8（b）］，结果表明在加入 MC-LR 后，NG-AgI 的荧光寿命从 246ps 减小为 212ps。根据文献报道，电荷载体的荧光寿命长短与电子转移快慢和电子能带结构有关[181,182]。因此，图 4.8（b）中荧光寿命的降低，成功证实了加入 MC-LR 后抑制了体系的电子转移过程。上述实验结果证明所提出的机理是合理的，由此，可推断本章中的 PEC 猝灭过程来源于目标物的引入加剧了光电极电子-空穴对的重组过程和抑制了其电子转移过程两个方面。

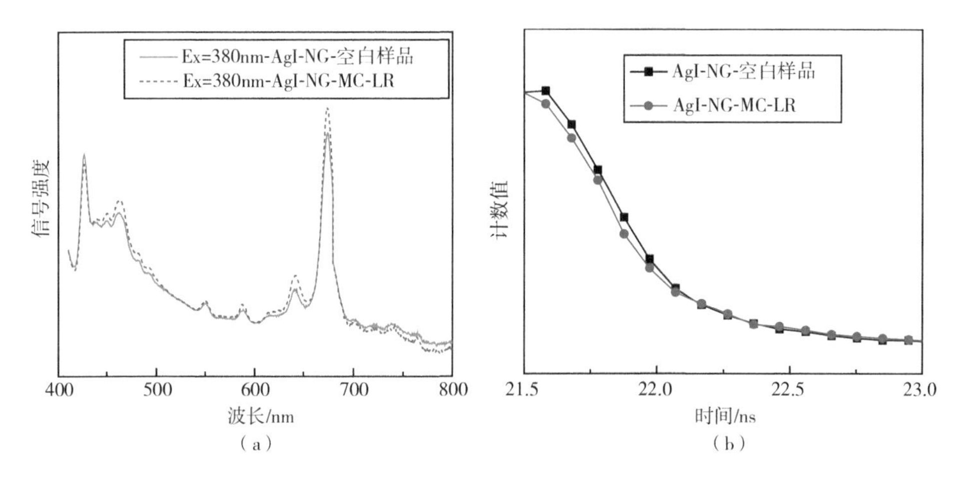

图 4.8　NG-AgI 溶液在加入 MC-LR 前后的 PL 图（a）和瞬态荧光图（b）

4.2.8　PEC 性能表征

通过线性扫描伏安法（LSV），考察了 NG-AgI 在光照和非光照条件下的 PEC 表现（图 4.9）。探究过程中发现，在施加偏压低于 0.12V 时，光电极 NG-AgI 始终呈现的是阳极光电流；在施加偏压高于 0.12V 时，光电极 NG-AgI 则呈现阴极光电流。考虑到高的施加偏压会给检测带来更多的干扰，0.15V 被选为最佳施加偏压，用于后续构建阴极 PEC 平台应用研究。

当添加 TEA 作为空穴清除剂时，NG-AgI 光电极呈现更高的光电流响应。此外，TEA 对 NG-AgI 的光电流信号的稳定化也发挥着非常重要的作用。如图 4.10 所示，在没有 TEA 时，NG-AgI 的光电流信号逐渐衰减直至 450s 才

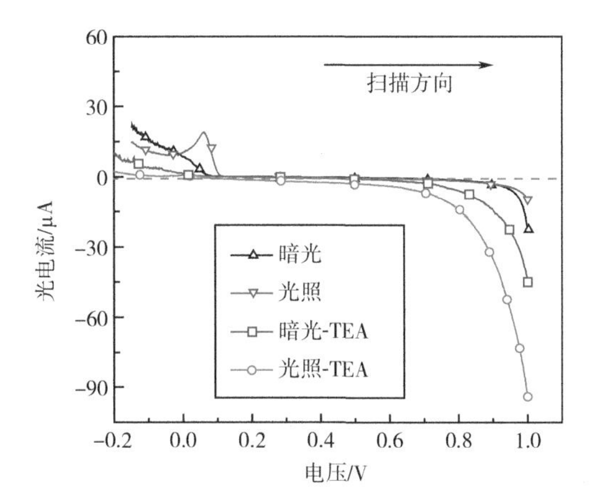

图 4.9　NG-AgI/ITO 在 0.1mol/L PBS 中扫速为 100mV/s 的线性扫描伏安图

趋向于稳定，推测这是由于 NG-AgI 电极的活化和稳定化需要一个过程。而体系中有 TEA 时，NG-AgI 电极的光电流信号在相当短的时间内可达到稳定状态，且光电流信号强度也有大幅度的提升。如此的现象在此前的研究工作中很少报道，尤其是对于阴极光电流体系而言。该现象可能是由于 TEA 是一个良好的电子受体或空穴清除剂，其大大有利于电荷载体的迅速分离。一般而言，稳健的 PEC 平台对构建超灵敏的检测平台至关重要，尤其是对于信号关闭（“Signal-Off”）型的检测模式。考虑到短的响应时间和强的检测信号更利于高效的 PEC 检测，因此，在接下来的实验体系中均采用 TEA 作为空穴清除剂。

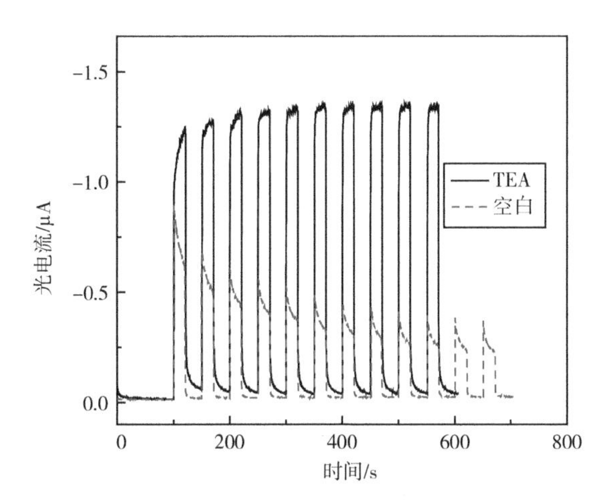

图 4.10　NG-AgI/ITO 在空白的 0.1mol/L PBS 中和在含有 5mmol/L TEA 的 PBS 中的 PEC 响应情况

我们也探究了不同材料修饰电极的 PEC 响应，所得实验结果如图 4.11 所示。由图可知，NG 修饰的 ITO 电极仅呈现微小的光电流响应（曲线 1），说明 NG 不是光电流的关键来源。与此同时，AgI 光电极在可见光照射下呈现数值为 0.132μA 的光电流响应（曲线 2），这说明光照刺激可以有效激发 AgI 粒子内部光生电子-空穴的有效分离。而复合物 NG-AgI 的光电流响应（曲线 3）是 AgI 的 10.9 倍，这说明 AgI 是光电活性材料，是该体系中光电流信号的来源，且 NG 能有效地改善光电流信号，其原因可能如下：①NG 能够存储光生电子，充当电子受体，加速电荷的转移过程，因而遏制了光生电子-空穴的重组过程；②NG 能够充当吸光物质，增强光电活性材料 AgI 对光的吸收，从而提高体系能量的转换效率。

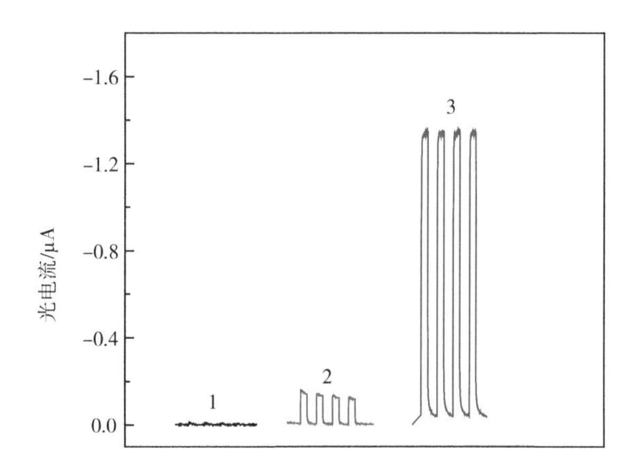

图 4.11　NG（曲线 1）、AgI（曲线 2）和 NG-AgI 复合物（曲线 3）修饰的 ITO 电极在 5mmol/L TEA 的 0.1mol/L PBS 中的 PEC 信号

4.2.9　PEC 适配体传感平台的条件优化

为了达到 PEC 生物传感平台检测性能的最佳状态，我们对适配体浓度和其与 MC-LR 的结合时间进行了优化。图 4.12（a）为不同适配体浓度对传感体系光电流的影响情况。由图可知，随着适配体浓度的增加，该传感器的光电流响应值逐渐降低，在适配体浓度达到 1.5μmol/L 的时候，传感器的光电流趋于稳定，表明传感器界面所负载的适配体数量已经达到饱和状态。因此，我们采用 1.5μmol/L 为适配体的最佳浓度进行接下来的所有实验。

适配体与目标物分子 MC-LR 的结合时间也是优化传感器性能的重要参数。如图 4.12（b）所示，在结合时间 0～20min 以内，光电流随着结合时间的增大而逐渐降低，在 20min 时达到稳定。因此，在整个体系中，20min 作为适配体与检测物 MC-LR 的最优结合时间。

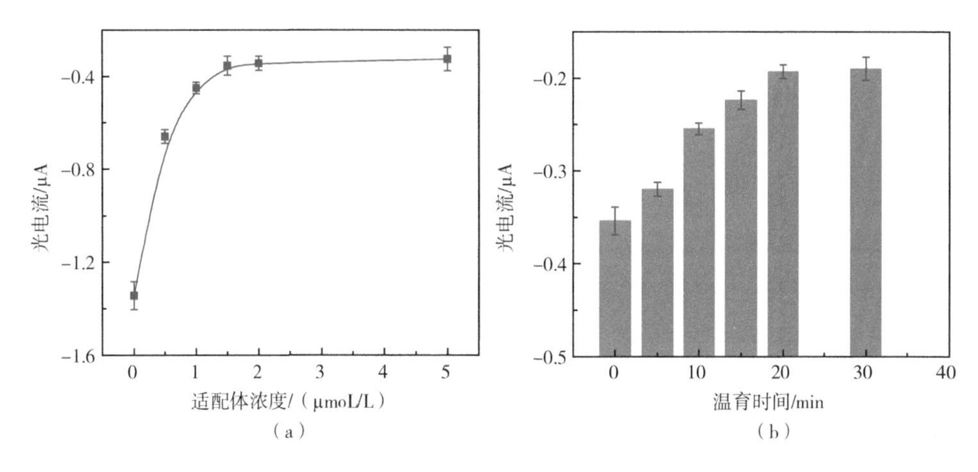

图 4.12　适配体浓度（a）和适配体与 MC-LR 结合时间（b）对该 PEC 适配体传感器性能的影响

4.2.10　PEC 适配体传感器应用于 MC-LR 检测

在最优条件下，所构建的 Aptamer/NG-AgI/ITO 能够灵敏地检测 MC-LR，如图 4.13 所示。从图 4.13（a）中可以观察到，随着 MC-LR 浓度的增加，PEC 的信号强度逐渐降低，且 MC-LR 浓度的 lg 值与 PEC 的强度之间呈现良好的线性关系［如图 4.13（b）］，线性相关系数可以达到 0.999，检测范围为 0.05pmol/L～5nmol/L，检出限为 0.017pmol/L（信噪比=3）。

4.2.11　PEC 适配体传感器的选择性、重现性和稳定性

为了对传感器的选择性进行考察，我们研究了与目标分析物具有相似结构的 MC-LA 和 MC-YR 对该传感器性能的影响。实验结果如图 4.14 所示，只有在 MC-LR 存在的条件下，该光电化学传感器的 PEC 信号强度才会显著降低，而体系中 MC-LA 和 MC-YR 的存在不会干扰其实际检测结果，这说明所构建的 PEC 适配体传感器拥有优异的选择性。

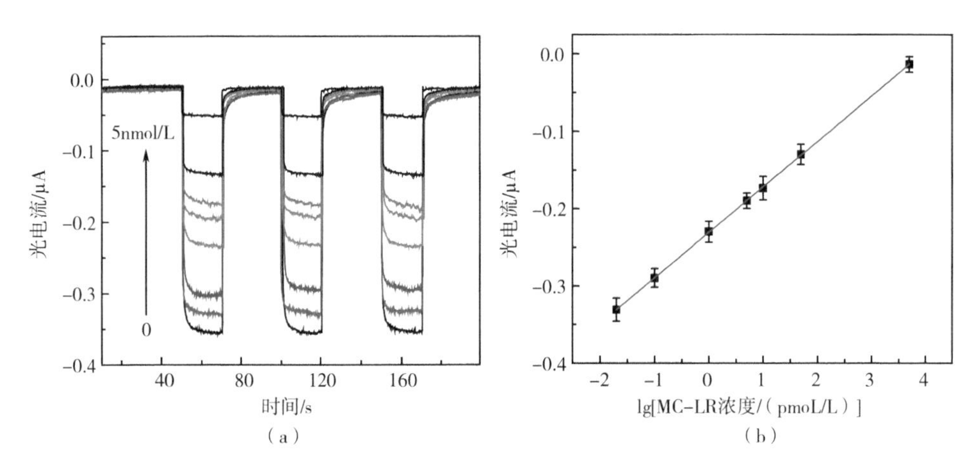

图 4.13 所构建的 PEC 适配体传感器对不同浓度（0～5nmol/L）的 MC-LR 光电流响应情况（a）及对应的线性关系图（b）

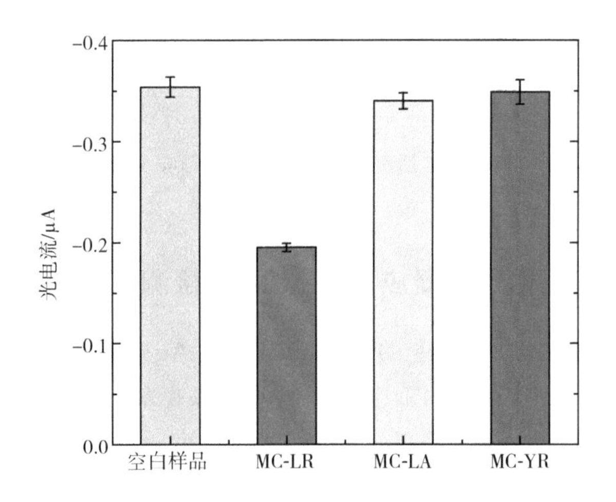

图 4.14 所构建的 PEC 适配体传感器的选择性图

MC-LR、MC-LA 和 MC-YR 三者的浓度分别为 5pmol/L、0.5nmol/L 和 0.5nmol/L

此外，对于 PEC 传感平台而言，PEC 输出信号优异的稳定性和重现性也必不可少。由图 4.15 可知，在光照条件下，构建的 PEC 传感器的输出信号迅速达到稳定状态，且对该传感器连续采集 9 次及以上数据，发现其光电流强度没有明显衰减现象，意味着该 PEC 适配体传感器呈现出优秀的稳定性。进一步将其存储于 4℃的冰箱里两个星期，测试发现其传感器信号没有发生明显变化。接着，我们又考察了五组不同的 Aptamer/NG-AgI/ITO 电极对同一浓度的 MC-LR 的光电流响应，研究发现，测试数据结果的标准偏差为 4.2%，说明该 PEC 传感体系具有绝佳的重现性。上述实验表明该传感器可以应用于具体实际样品的检测。

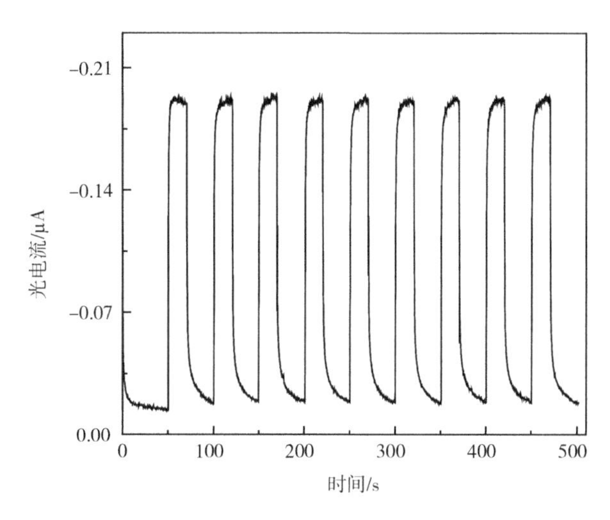

图 4.15　PEC 适配体传感器的稳定性图

4.2.12　PEC 适配体传感器应用于鱼样品中的 MC-LR 检测

为了考察所构建的 PEC 传感器在实际样品测定时的可行性，采用了标准加入法对一系列鱼样品中（未污染的和加入标准浓度样的）MC-LR 的含量进行检测，实验结果如表 4.3 所示。所构建的 PEC 传感器在鱼样品的定量分析中回收率在 98.8%～99.6%范围内，标准偏差在 3.44%～5.23%之间，表明该 PEC 传感体系具有较高的检测可靠性，可用于实际样品中 MC-LR 的检测。

表 4.3　鱼样品中 MC-LR 的 PEC 方法检测结果

样品	加入的标准样浓度 /（pmol/L）	测定结果（平均数±SD）/（pmol/L）	回收率/%	R.S.D/%
1	0	0.082	—	—
2	0.1	0.180	98.9	5.23
3	1	1.069	98.8	3.44
4	10	10.037	99.6	3.68

本章小结

① 以具有优良光电化学活性的 NG-AgI 纳米复合物为 PEC 敏感元件，结合适配体技术，构筑了一种新型的信号关闭（“Signal-Off”）型 PEC 适配体 MC-LR 传感器；

② 通过光致发光（PL）和时间相关单光子计数（TCSPC）技术，提出了一种新型的电子流向传感机理；

③ 该光电化学 MC-LR 适配体传感体系的检测范围为 0.05pmol/L～5nmol/L，检出限为 0.017pmol/L，呈现极高的灵敏性与选择性，可应用于实际鱼样品中 MC-LR 的测定；

④ 该传感器的研制不仅丰富了现有的 PEC 基本传感理论，也为农产品中 MC-LR 的检测提供了一种新方法。

第5章

氮杂石墨烯基光助自供能传感器用于池塘水样中MC-LR检测

微囊藻毒素（MCs）不仅会污染水体，还会通过灌溉、径流、藻泥施肥等途径残留在田间、河流以及农作物中，通过富集作用，影响农产（食）品安全，进一步危害人类健康。基于此，迫切需要探究一种常规、连续的现场检测MC-LR的方法，便于从源头上发现问题、避免问题，进而解决问题。目前的检测方法大多需要大型设备，价格昂贵，操作复杂，不能实现现场的快速检测。尽管为了满足环境中现场快速检测要求，推出了各种有毒有害物质的酶试剂盒和速测卡，但研究表明，这些试剂盒和速测卡成本高，灵敏度和稳定性不高，而且大多只能用于定性筛选。因此，进一步建立简单、快速、高效且易于现场检测的方法是非常有必要的。

自供能化学传感器是一种通过改变目标检测物浓度来实现输出电能信号的不同，进行定量分析，其输出信号为开路电压、电流密度或功率等电源参数的新型传感器，其在分析检测目标物的同时能够给自身提供能量[183]。这种自供能化学传感器具有很多优点，如：（i）仅需两个电极，且不需要额外施加电源，大大简化了传感器的制备过程，降低了检测费用，有利于传感器向集成化、便携化方向发展，是满足生产实际中现场检测需求的有效途径；（ii）由于未施加额外电源，可避免一些易发生氧化还原的电活性物质在电极表面的反应，从而提高了传感器的特异性[110]，所以此概念传感器一经报道，便为诸多领域研究人员所青睐。尤其是近年来，该自供能传感器开始逐渐被应用于化学和其他分析领域[184,185]。

目前自供能电化学生物传感器研究主要是通过生物质燃料电池（biomass fuel cell，BFC）途径实现的。然而，生物质燃料电池只实现了生物质能/电能的单一能源转换，而目前在能源及其相关领域的研究中，综合利用各种能源（如光能、生物质能和化学能等），构建高效、稳定、低成本的多维能源转化的燃料电池已成为热点研究方向[186]。光助燃料电池（photo-assisted fuel cell，PFC）耦合了半导体和燃料电池的优点，将光响应成分引入燃料电池中，从而有效提高了能源的利用效率，是目前能源领域的重要研究方向之一[187,188]。与传统燃料电池单一维度的能量转换不同，PFC实现了光能/电能和化学能/电能的双重转化，是一种二维能源转换装置[188]。本研究鉴于第3章和第4章对PEC技术的理解和将其应用于MC-LR检测方法的可行性，首次建立了双光电极光助型自供能传感方法，实现了对MCs的分析检测。这种自供能型传感器无需外加电源，检测装置自身为其检测过程供能，易于微型化和便携化，因而可以实现高效、快速的现场检测。

5.1 实验部分

5.1.1 药品与试剂

见表5.1。

表5.1　各种药品与试剂名称、化学式、规格以及生产厂家

名称	缩写或化学式	纯度/规格	生产厂家
钛酸四乙酯	$TiO(C_4H_9O)_4$	A. R.	国药集团化学试剂有限公司
浓硝酸	HNO_3	A. R.	国药集团化学试剂有限公司
全氟磺酸型聚合物溶液	Nafion	A. R. /5%（质量分数）	Sigma-Aldrich
微囊藻毒素	MC-LR	100 μg/mL	上海J&K百灵威试剂公司

注：1. 实验中的溶液所涉及的水均是超纯水。
2. MC-LR标准品浓度的配制方法：将购买的MC-LR标准品溶解在上述50mmol/L Tris-HCl溶液中，并由高到低逐级稀释到目标浓度。

5.1.2 实验仪器

见表5.2。

表5.2　实验仪器列表

项目	实验仪器	产地
透射电子显微图谱（TEM）	JEOL 2100	日本
电化学阻抗谱（EIS）	上海辰华CHI-660B	中国
光电化学检测（PEC）	上海辰华CHI-660B和500W Xenon灯光源（PLS-SXE 300C（BF）	中国

5.1.3 光阳极和光阴极的制备

光阳极纳米材料TiO_2采用水热法制备：首先，将$TiO(C_4H_9O)_4$溶于浓HNO_3中得到$TiO(NO_3)_2$溶液，然后将$TiO(NO_3)_2$溶液转移至聚四氟乙烯为里衬的反应釜中，180℃下反应12h，自然冷却后经离心、超纯水和无水乙醇洗涤处理反应产物，最后将其置于60℃条件下烘干，得到光阳极纳米材料TiO_2。光阴极纳米材料是取自第3章制备的NG-BiOBr纳米复合材料。在制备光阳极和光阴极之前，先对ITO进行预处理。具体过程如下：将ITO电极置于1mol/L氢氧化钠溶液中煮沸20～30min，再依次用丙酮、蒸馏水和乙醇超声清洗，氮气吹干备用。将洗净的ITO电极采用聚酰亚胺胶带（“金手指”）封装，最终使ITO暴露的几何面积为$0.09\pi\ cm^2$。将TiO_2和NG-BiOBr纳米复合物分散在DMF中，得到浓度为2mg/mL的均匀分散液。接着，将20μL的TiO_2和NG-BiOBr纳米复合物分散液分别均匀滴涂在ITO电极上，置于红外灯下烘干，得到TiO_2/ITO和NG-BiOBr/ITO。最后在烘干的TiO_2/ITO和BiOBr-NG/ITO上分别滴涂20μL质量分数为5%的Nafion溶液，继续置于红外灯下烘干，得到光阳极Nafion/TiO_2/ITO和光阴极Nafion/NG-BiOBr/ITO。

5.1.4 光助自供能电化学传感平台的构筑

光助自供能电化学池由如图5.1所示的两室的电解池、两电极体系和氙灯光源组成。其中两电极体系由光阳极Nafion/TiO_2/ITO和光阴极Nafion/NG-BiOBr/ITO构成，电解质为pH=5、0.1mol/L的PBS溶液。

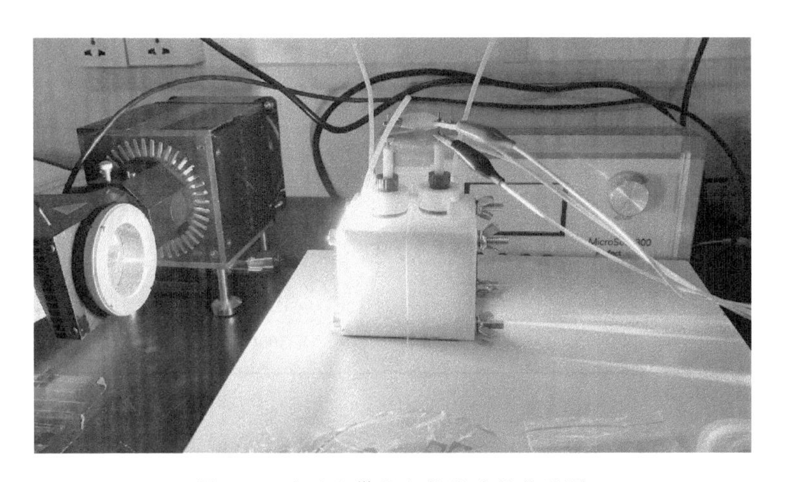

图5.1 光助自供能电化学池的装置图

构筑的光助自供能电化学传感平台的具体传感过程如图5.2所示。在模拟太阳光的照射下，光阳极 TiO_2 和光阴极 NG-BiOBr 均发生电子和空穴的分离，形成各自的电子-空穴对。由于光阳极和光阴极自身费米能级的差异，光阳极 TiO_2 的光生电子会自发地经由外电路转移至光阴极 NG-BiOBr 表面，形成闭合回路，从而引起电流的产生。其中光阳极 TiO_2 的费米能级必须高于光阴极 NG-BiOBr，这是耦合光阳极和光阴极形成闭合回路，成功构建光助自供能电化学池的关键。在此基础上，加入体系中的 MC-LR 被具有强氧化能力的光阳极的空穴氧化，抑制了电子-空穴对的重组过程，从而导致所构建装置信号输出的增强，不同的 MC-LR 浓度将引起信号不同程度的增强，因而可以实现对 MC-LR 的定量检测。由此，基于光激发下的光阳极和光阴极的此种装配，成功实现了传感平台检测耗能供给和实际检测的同时进行。

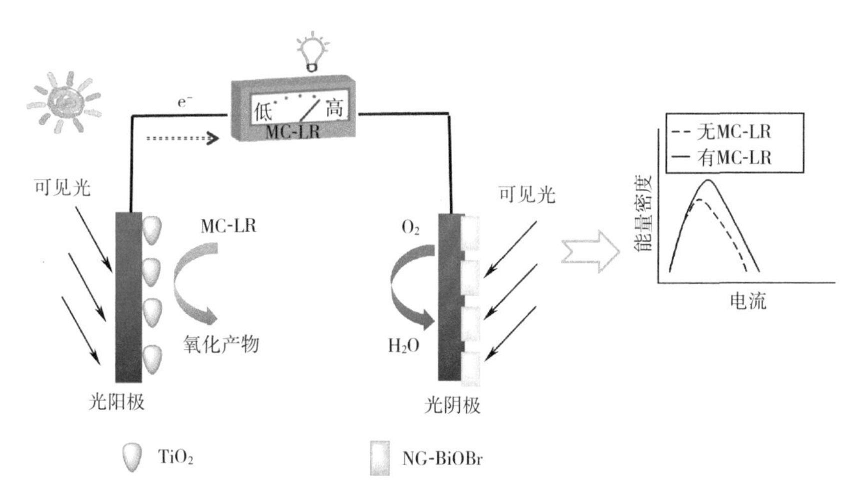

图 5.2 光助自供能电化学传感平台用于 MCs 检测的示意图

5.2 结果与讨论

5.2.1 光电极材料的 TEM 图

所制备的光阳极和光阴极纳米材料的形貌经由 TEM 技术进行考察。由图 5.3 可知，所制备的 TiO_2 是以纳米粒子的形式存在的，而 BiOBr 是以纳米片的形式分散在二维的氮杂石墨烯表面，且所制备的纳米材料均具有良好的分散性。

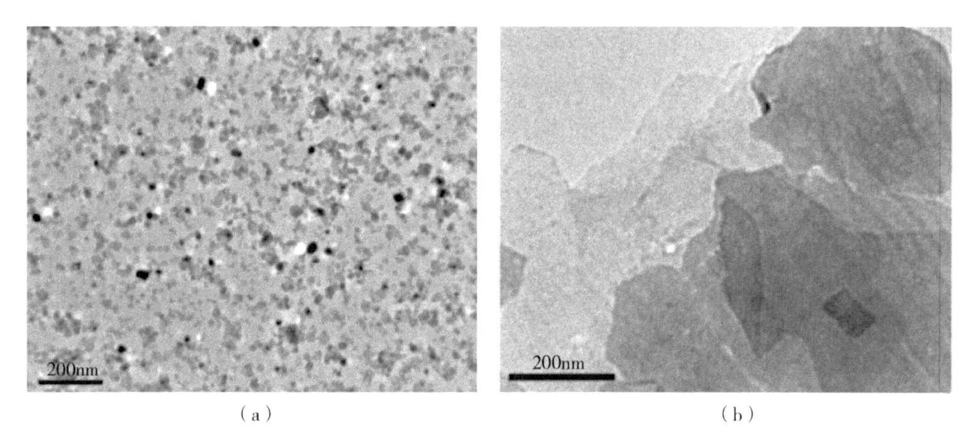

（a）　　　　（b）

图 5.3　光阳极 TiO_2（a）和光阴极 NG-BiOBr（b）的 TEM 图

5.2.2　光助自供能平台的开路电压

图5.4 展示了以 Nafion/TiO_2/ITO 和 Nafion/NG-BiOBr/ITO 分别为光阳极和光阴极构建的光助自供能平台在无光照和有光照激发下的开路电压曲线。我们发现，在无光照的条件下，所构建的光助自供能平台的开路电压仅为 0.045V；而在光激发下，其开路电压显著增加，增至 0.54V，是无光照时的 12 倍。这意味着在该体系中，光对体系电能的产生起到至关重要的作用，光的照射有力地驱动了两个光电极间电子的转移，显著增强了电能的产生。

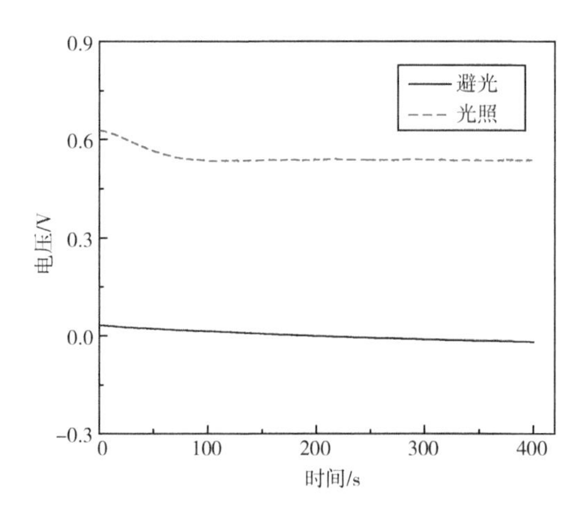

图 5.4　在 0.1mol/L PBS（pH=5）中构建的光助自供能平台在无光照（避光）和有光照条件下的开路电压曲线

5.2.3 不同阴极构建的自供能平台的电能输出

为了考察所选光阴极 Nafion/NG-BiOBr/ITO 与传统的贵金属 Pt 作为阴极时的电能输出差异，我们记录了分别以二者作为阴极构建的光助自供能平台，并测试了其 *V-I* 和 *P-I* 曲线。实验结果表明，以 Nafion/NG-BiOBr/ITO 为光阴极构建的光助自供能平台的开路电压为 0.54V［图 5.5（a）］，甚至比传统的贵金属 Pt 作为阴极时还高（0.48V）。对应的 *P-I* 曲线如图 5.5（b）所示，从图中可以观察到，以 Nafion/NG-BiOBr/ITO 为光阴极构建的光助自供能平台的输出功率明显比 Pt 作为阴极时高。总而言之，本章中以 Nafion/NG-BiOBr/ITO 为光阴极构建的光助自供能平台展现出良好的电能输出性能，为进一步开展自供能传感体系的应用研究奠定了基础。随着光阴极 Nafion/NG-BiOBr/ITO 的引入，体系的能量转换维度和效率得以提高，因而展现了良好的电能输出优势。

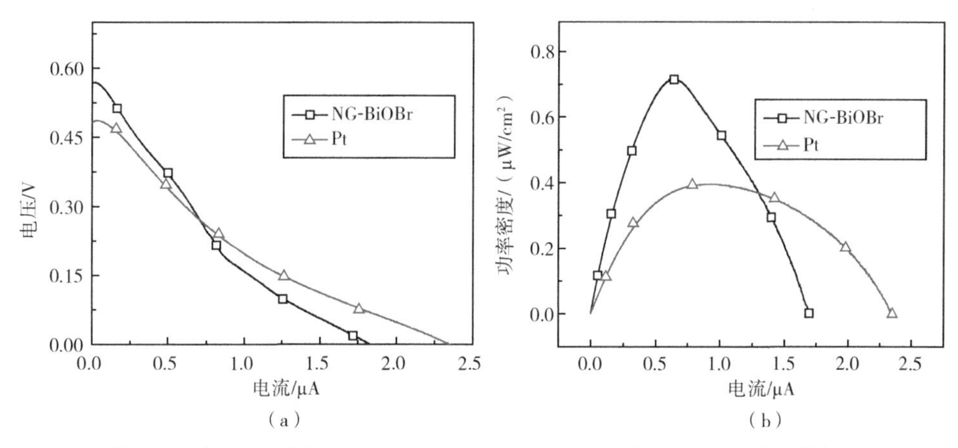

图 5.5　在 0.1mol/L PBS（pH=5）中，以 Nafion/TiO_2/ITO 为光阳极，Nafion/NG-BiOBr/ITO 和 Pt 电极分别为阴极构建的光助自供能平台的 *V-I*（a）和 *P-I* 曲线图（b）

为了考察所选复合物光阴极 Nafion/NG-BiOBr/ITO 与单体光阴极 Nafion/BiOBr/ITO 构建电能输出平台的优势，我们分别记录了不同修饰电极作为光阴极构建的光助自供能平台的 *P-I* 曲线。图 5.6（a）和图 5.6（b）分别为 Nafion/NG-BiOBr/ITO、Nafion/BiOBr/ITO 和 Nafion/Bare/ITO 作为光阴极时的 *P-I* 曲线及对应的 EIS 图谱表征。由图可知，Nafion/Bare/ITO 呈现最低的能量输出功率；以复合物 Nafion/NG-BiOBr/ITO 为光阴极构建的电能输出平台，相较单体光阴极 Nafion/BiOBr/ITO 而言，能量输出功率显著提升。这可能是因为复合物光阴极 Nafion/NG-BiOBr/ITO 具有更高的电荷分离效率和电子转移速率。图 5.6（b）清晰地呈现了三种材料的 EIS 图谱，其中，NG-BiOBr 具有最小的阻抗，因而电子转移速率最快，使得其电荷分离效率也最高。

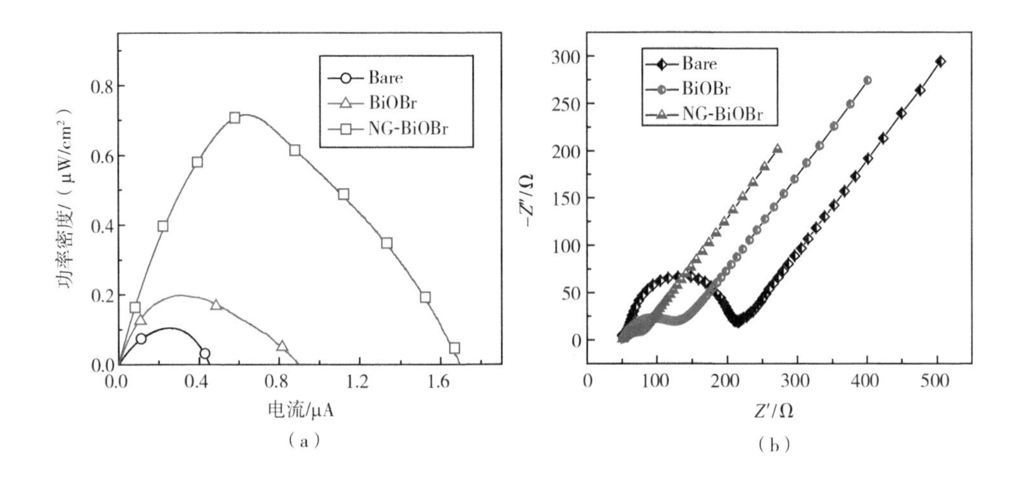

图 5.6　构建的光助自供能平台的 *P-I* 曲线和 EIS 图

（a）在 0.1mol/L PBS（pH=5）中，以 Nafion/TiO_2/ITO 为光阳极，Nafion/Bare/ITO、Nafion/BiOBr/ITO 和 Nafion/NG-BiOBr/ITO 分别为光阴极构建的光助自供能平台的 *P-I* 曲线；（b）Bare/ITO、BiOBr/ITO 和 NG-BiOBr/ITO 的 EIS 图

5.2.4　光助自供能传感平台的检测性能

图5.7（a）和图 5.7（b）分别为所构建的光助自供能传感平台的 MC-LR 浓度与电压-电流曲线（*V-I*）和功率输出曲线（*P-I*）的关系图。由图可知，光助自供能传感平台的最大输出功率（P_{max}）随着 MC-LR 浓度的增加而增加，因而通过 *V-I* 和 *P-I* 曲线可以量化 MC-LR。这说明 MC-LR 分子是该体系的燃料，是增加的 P_{max} 的来源。因此，该光助自供能传感平台可以通过追踪 P_{max} 的变化，成功地实现对 MC-LR 的定量分析。进一步对数据进行具体分析可知，P_{max} 与 MC-LR 浓度的对数值呈现良好的线性关系，线性相关系数达到 0.9813，线性范围为 2～155pmol/L，检出限为 0.67pmol/L，远低于国内和国

际相关的安全标准。

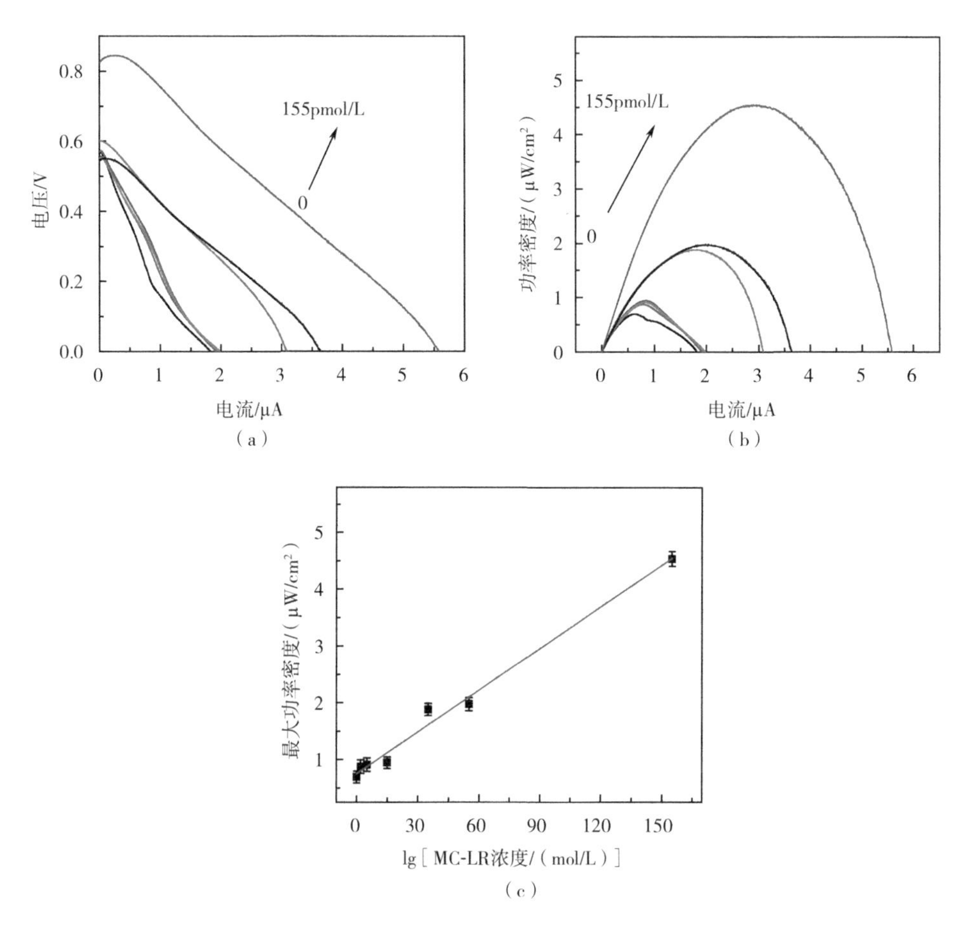

图 5.7　所构建的光助自供能传感平台的 MC-LR 浓度与 V-I（a）和 P-I 曲线（b）的相关性图以及最大输出功率 P_{max} 与对应 MC-LR 浓度的线性相关曲线图（c）

5.2.5　光助自供能传感平台的作用机制

为了考察所构建体系的传感过程，我们研究了在加入目标物 MC-LR 前后，光阳极和光阴极界面的 EIS 图谱，结果如图 5.8 所示。仔细观察二者可知，在体系中加入 MC-LR 后，光阳极界面的阻抗明显增大［图 5.8（a)］，而光阴极的阻抗基本不变［图 5.8（b)］，说明体系中加入目标物后的传感过程发生在光阳极而不是光阴极界面。这可能是因为光阳极界面的 TiO_2 纳米材料是一种性能优异的半导体，具有更强的光生空穴的氧化能力，因而在捕获目标物分子时更具竞争力。

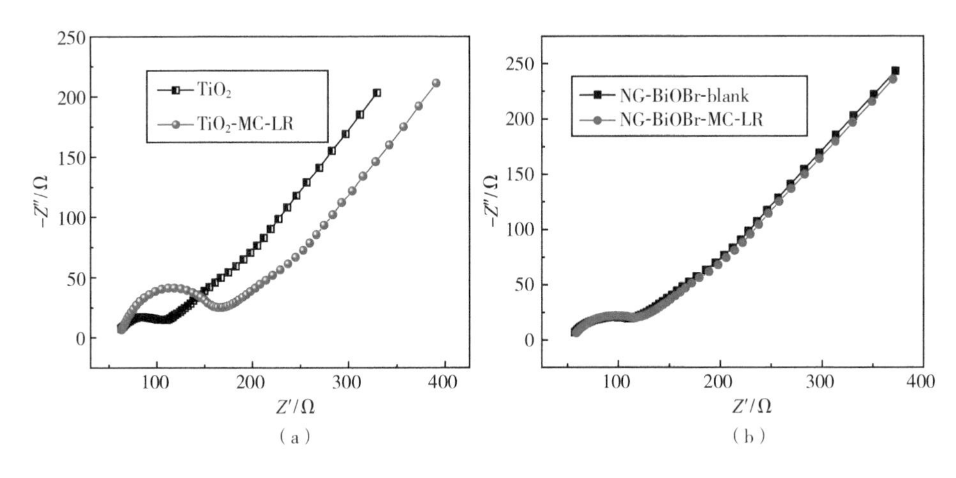

图 5.8 加入 MC-LR 前后 TiO_2/ITO 光阳极（a）和 NG-BiOBr/ITO 光阴极（b）的阻抗图谱

5.2.6 光助自供能传感平台的选择性和稳定性

为了考察该自供能传感平台的选择性，我们将一些光电化学研究中常见的干扰物［如多巴胺（DA）、尿酸（UA）和抗坏血酸（AA）］引入该自供能传感体系进行探究，实验结果如图 5.9 所示。结果表明，这些常见干扰物不会引起自供能传感器的功率输出信号发生明显的改变，因而呈现出良好的选择性。如此良好的选择性是来源于 Nafion 膜的使用。Nafion 膜作为一种全氟磺化阳离子交换剂，对阳离子具有很高的渗透性，因而可以作为一个天然的载体，阻碍带负电的分子靠近[189-191]。由此，在本章中光电极表面修饰的 Nafion 膜可以阻碍带负电的粒子靠近，诸如 DA、UA 和 AA 等，从而避免了这些分子对检测体系的干扰。

传感平台的稳定性也是评估传感器性能好坏的重要参数之一。如图 5.10 所示，构建的光助自供能 MC-LR 传感器在室温储藏 20 天后，功率输出信号依然可以维持初始测量值的 94.8%。这意味着所构建的光助自供能 MC-LR 传感器在常规的储藏条件下就可以保持较好的稳定性，利于工厂化批量生产、储藏及长途运输，因而可以实现高效快速的实时现场检测。

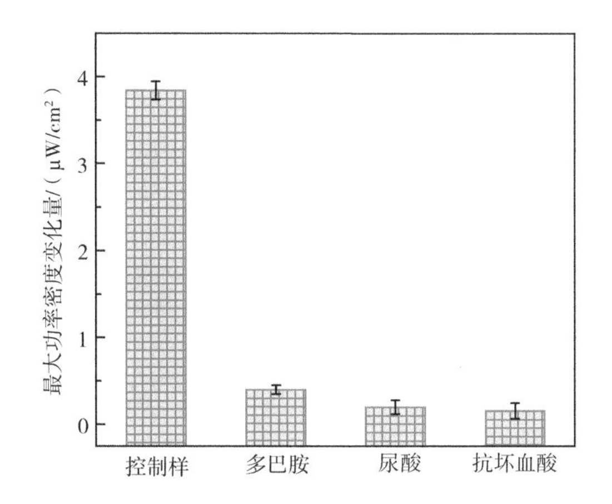

图 5.9　构建的光助自供能 MC-LR 传感平台的选择性图

MC-LR、DA、UA 和 AA 的浓度分别为 155pmol/L、5pmol/L、5pmol/L 和 5pmol/L

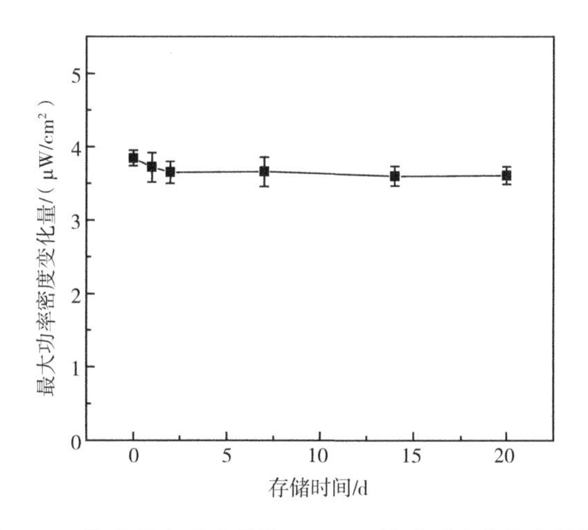

图 5.10　构建的光助自供能 MC-LR 传感平台的稳定性图

5.2.7　光助自供能传感平台应用于池塘水样中 MC-LR 的检测

收集天然池塘水样(江苏大学校本部)，考察光助自供能传感能否应用于实际应用。首先将水样静置 0.5h，然后在离心机上以 2000r/min 的速度离心 5min，去除水样中的固体沉淀物。然后，取上清液，用本章中提出的方法测出每个样品的 MC-LR 浓度值，实验结果如表 5.3。通过标准加入法测得传感器的回收率在99.86%～100.14%范围内，标准偏差为3.44%～5.23%。由表可知，在不加入标准浓度的MC-LR时，样品中依然可以检测出MC-LR，这说明所选取的水样来自于已经被MC-LR污染的水体。上述结果证明本章中构建的光助自供能MC-LR传感器可以成功应用到实际水体（如池塘、田间地头等）的检测。

表5.3　池塘水样中MC-LR的检测结果

样品	加入MC-LR的标准浓度/(pmol/L)	测试结果/(pmol/L)(平均值±SD)	回收率/%	R.S.D/%
1	0.00	2.11	—	—
2	5.00	7.12	100.14	5.23
3	50.00	52.06	99.90	3.44
4	150.00	151.89	99.86	3.68

本章小结

① 基于费米能级匹配原则，本章筛选出半导体TiO_2纳米材料为光阳极、NG-BiOBr为光阴极，创造性地构建了一种双光电极光助型自供能传感平台，并成功应用于MC-LR的检测；

② 在光助自供能体系中，随着MC-LR浓度的增加，其电能功率信号输出也随之增加，检出范围为2～155pmol/L，检出限为0.67pmol/L，可应用于池塘水样MC-LR的含量检测；

③ 该新型传感器不需要外加电源，传感器自身也是其检测过程的供能平台；

④ 所构建的自供能平台不仅实现了光能/电能和化学能/电能的双重转化，有效地提高了能量转换的效率，而且避免了生物酶的使用，从而降低了制作成本。

第6章

氮杂石墨烯基电化学适配体传感器用于农作物中MC-LR检测

近年来，光助燃料电池（photo-assisted fuel cell，PFC）逐渐兴起，并发展成为实现自供能电化学传感的有效手段之一。PFC 技术耦合了光催化和燃料电池的优点，实现了光能/电能和化学能/电能的双重转化，是一种具有高能量转换效率的二维能源转换装置[187,188]。根据燃料电池中光电极的个数，PFC 分为单极 PFC 和双极 PFC，其中单极 PFC 包括阳极 PFC 和阴极 PFC。阳极 PFC 主要依赖具有高光电活性的小分子、n 型半导体材料及其复合物在光驱动下，激发出电子-空穴对，空穴具有强氧化性，从而将燃料氧化（燃料可以是各种有机、无机物质或生物质）给出电子；电子通过外电路迁移到阴极，参与阴极发生的氧化剂还原反应，体系内形成的电子转移以电能的形式被回收[192,193]。而在阴极 PFC 中，光阴极通常采用 p 型半导体材料（无机氧化物半导体或有机导电聚合物半导体），由光驱动光阴极表面产生的光电子参与氧化还原反应。由此可见，光电极是影响整个 PEC 性能的核心因素，而高效稳定的光电极材料是构建高性能光电极的前提和保证。

光电极材料的性能与该材料的电荷分离效率相关。二氧化钛（TiO_2）作为一种广为人知的半导体，其（光）化学稳定性好、来源丰富、毒性低。然而，它也有其局限性，如激子参与反应的效率不高，光生电子和空穴极易重组，这都大大限制了其广泛应用[194,195]。最新研究表明，将 TiO_2、Ag 和 NG 耦合可以有效提高电荷分离效率，抑制光生电子和空穴的重组，提高其在可见光范围的吸收，从而极大地提升材料的光电转换性能[106]。

通过构建恰当的 PFC 实现自供能电化学传感检测近年来才刚刚起步，尽管相关报道还很少，但其在电化学传感领域应用的优势已开始展现[196-199]。一方面，于京华教授课题组利用其制备的具有可见光响应的功能复合材料为光阳极，构建了酶基阳极 PFC，对比施加光照前后 PFC 的性能，发现其开路电压分别为 0.35V 和 0.725V，最大输出功率分别为 77$\mu W/cm^2$ 和 449.8$\mu W/cm^2$，基于该二维能源转换平台，他们进一步建立了一种灵敏、便携的肿瘤标记物光助自供能型电化学免疫检测方法。另一方面，为了避免酶基燃料电池本身的局限（如操作条件严苛、稳定性低和成本高等），张敬东教授课题组以具有可见光光电催化葡萄糖氧化活性的 $Ni(OH)_2/CdS/TiO_2$ 功能复合材料为光阳极，具有电催化 H_2O_2 还原活性的血晶素-石墨烯为阴极，构建了阳极 PFC，成功实现了葡萄糖的光助自供能电化学传感检测，该自供能传感系统不仅避免了酶的使用，降低了成本，而且具有比常规的酶基自供能电化学传感器更高的灵敏度。

事实上，我们发现，尽管基于 PFC 途径实现自供能电化学传感检测的研究才刚刚起步，研究过程中依然存在着很多不确定因素和谜团亟待研究者去探索和发现，但是其在推动传感器微型化、便捷化和低成本化等方面的诱人前景已经展现；同时我们也发现，现阶段这个方向的研究主要还是集中在光助单极自供能生物传感方面，关于可见光驱动双极自供能电化学传感的工作鲜有文献报道。鉴于第 5 章所构建的光助自供能传感的研究基础及其缺乏选择性的不足之处，本研究在可见光驱动下，以三元复合材料（NG-TiO_2-Ag）为光阳极，BiOBr 修饰的氮杂石墨烯纳米片（NG-BiOBr）为光阴极，进一步耦合适配体分子作为特异性识别元件，成功构建了一种可用于特异性检测 MC-LR 的可见光光助双极自供能适配体传感平台。该自供能适配体传感平台能够有效地应用于蔬菜样品中 MC-LR 的分析检测。

6.1　实验部分

6.1.1　药品与试剂

见表6.1。

表 6.1　各种药品与试剂名称、化学式、规格以及生产厂家

名称	缩写或化学式	纯度/规格	生产厂家
钛酸四乙酯	$TiO(C_4H_9O)_4$	A. R.	国药集团化学试剂有限公司
硝酸银	$AgNO_3$	A. R.	上海精细化工材料研究所
微囊藻毒素	MC-LA、MC-YR 及 MC-LR	100 μg/mL	上海 J&K 百灵威试剂公司
MC-LR 适配体	Aptamer	A. R.	生工生物工程股份有限公司

注：1. 实验中的溶液所涉及的水均是超纯水。

2. MC-LR 适配体的序列为：5′-GGC GCC AAA CAG GAC CAC CAT GAC AAT TAC CCA TAC CAC CTC ATT ATG CCC CAT CTC CGC-3′。

3. MC-LR 适配体溶液的配制方法：将 MC-LR 适配体溶解在 pH＝7.4 的 50mmol/L Tris-HCl 溶液中（其中溶质有 0.1mol/L NaCl、5.0mmol/L $MgCl_2$、0.2mol/L KCl 及 1.0mmol/L EDTA）。

4. MC-LR 标准品浓度的配制方法：将购买的 MC-LR 标准品溶解在上述 50mmol/L Tris-HCl 溶液中，并由高到低逐级稀释到目标浓度。

6.1.2　实验仪器

见表6.2。

表 6.2 实验仪器列表

项目	实验仪器	产地
X射线电子衍射图谱（XRD）	X射线衍射仪 Bruker D8 Advance	德国
电化学阻抗谱（EIS）	上海辰华 CHI-660B	中国
紫外漫反射光谱（UV-vis DRS）	紫外可见分光光度计 Analytik Jena Specord S600	德国
紫外-可见吸收光谱	紫外可见分光光度计 Analytik Jena Specord S600	德国
荧光光谱	Edinburgh Instruments FS5 荧光计	英国

6.1.3 光阳极和光阴极的制备

光阳极纳米材料 NG-TiO_2-Ag 采用一步水热法制备：首先，将 $TiO(C_4H_9O)_4$ 溶于 HNO_3 中获得 $TiO(NO_3)_2$ 溶液，然后在 $TiO(NO_3)_2$ 溶液中按照一定比例加入GO、甘氨酸、$TiO(NO_3)_2$ 和 $AgNO_3$ 超声混合0.5h，转移至聚四氟乙烯为里衬的反应釜中，180℃下反应12h，自然冷却后经离心、超纯水和无水乙醇洗涤收集反应产物，在60℃干燥12h，得到光阳极纳米材料 NG-TiO_2-Ag。光阴极纳米材料依然是取自第3章制备的NG-BiOBr纳米材料。在制备光阳极和光阴极之前，首先将ITO进行预处理。过程如下：将ITO电极置于1mol/L氢氧化钠溶液中煮沸20～30min，再依次用丙酮、二次蒸馏水和乙醇超声清洗，氮气吹干备用。将所获得的ITO电极采用聚酰亚胺胶带封装，最终使ITO暴露的几何面积为 $0.09\pi\ cm^2$。将 NG-TiO_2-Ag 和 NG-BiOBr 纳米复合材料分散于DMF中，得到浓度为2mg/mL的分散液。接着，将20μLNG-TiO_2-Ag 和 NG-BiOBr 纳米复合物分散液分别均匀滴涂在预先处理好的ITO电极表面，置于红外灯下烘干，得到 NG-TiO_2-Ag/ITO 和 NG-BiOBr/ITO。最后在烘干的 NG-TiO_2-Ag/ITO 和 BiOBr-NG/ITO 分别滴涂上20μL MC-LR 适配体溶液（1μmol/L），室温下保持4h，超纯水淋洗干净，得到光阳极 Aptamer/NG-TiO_2-Ag/ITO 和光阴极 NG-BiOBr/ITO。

6.1.4 可见光光助自供能电化学适配体传感平台的构筑

可见光光助自供能电化学池由第5章所示的两室电解池、两电极体系及氙灯光源组成。其中两电极体系由光阳极 Aptamer/NG-TiO_2-Ag/ITO 和光阴极 NG-BiOBr/ITO 构成，电解质为pH=5，0.1mol/L PBS溶液，光源为经滤光片处理的可见光光源。

如图 6.1 所示，在可见光激发下，光阳极 Aptamer/NG-TiO_2-Ag/ITO 和光阴极 NG-BiOBr 电子和空穴均发生分离，形成电子-空穴对。由于光阳极和光阴极的费米能级存在差异，光阳极 Aptamer/NG-TiO_2-Ag/ITO 产生的光生电子会自发地经由外电路转移至光阴极 NG-BiOBr 表面，形成闭合回路，从而在体系中产生电流，成功搭建自供能平台。当加入 MC-LR 后，光阳极表面的适配体特异性识别 MC-LR 并成功捕获，形成有效的空间位阻，阻碍了电子转移，从而降低信号的输出。不同浓度的 MC-LR 将引起输出信号不同程度的降低，基于此原理，可以实现对 MC-LR 的定量检测。

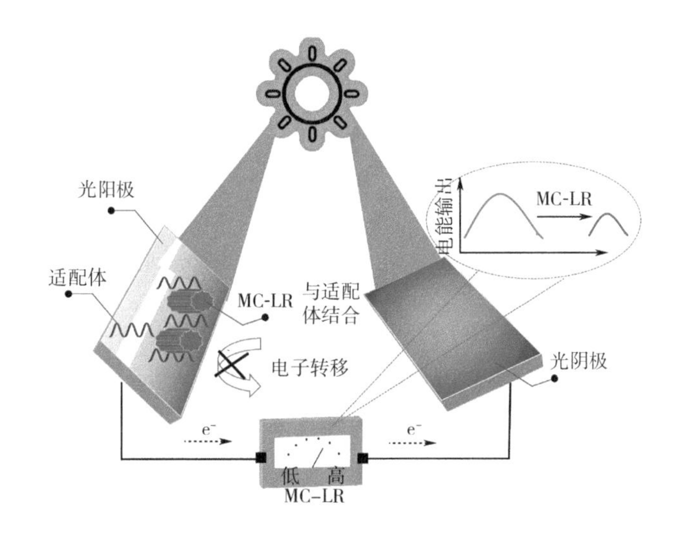

图 6.1　可见光光助自供能电化学适配体传感平台用于检测 MC-LR 的示意图

6.2　结果与讨论

6.2.1　光电极材料的 XRD 谱图

图6.2 为光阳极材料 NG-TiO_2-Ag 的 XRD 谱图。由图可知，本章中采用一步水热法所制备的 TiO_2 与锐钛矿型 TiO_2（JCPDS No. 21-1272）的特征衍射峰相对应[200]。在 NG-TiO_2的 XRD 谱图中，NG 在 25.8°处的特征衍射峰与 TiO_2重合，其他特征衍射峰均与单一的 TiO_2一致。从 NG-TiO_2-Ag 的 XRD

衍射峰中可以观察到，立方晶相 Ag 位于 37.9°、44.1°、64.5°和 77.3°处的特征衍射峰分别对应于其（111）、（200）、（220）和（311）位面（JCPDS No. 65-2871）[201]。上述实验结果证实了光阳极材料 NG-TiO_2-Ag 的成功制备。

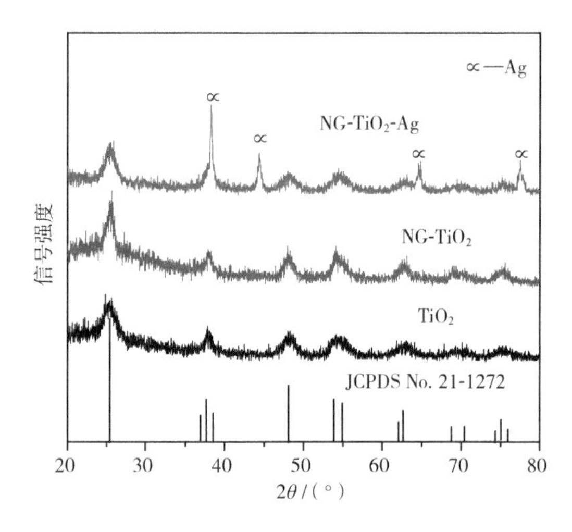

图 6.2　光阳极材料 TiO_2、NG-TiO_2和 NG-TiO_2-Ag 的 XRD 谱图

图 6.3 为光阴极材料 NG-BiOBr 的 XRD 谱图。由图可知，制备的 NG-BiOBr 纳米复合材料，与 BiOBr 的标准卡片（JCPDS No. 73-2061）一致[202]。然而图中没有观察到明显的 NG 的衍射峰，这是由于 BiOBr 组分在 25.2°的衍射峰与 NG 重合；另外可能是复合材料中 NG 的含量较少的缘故。

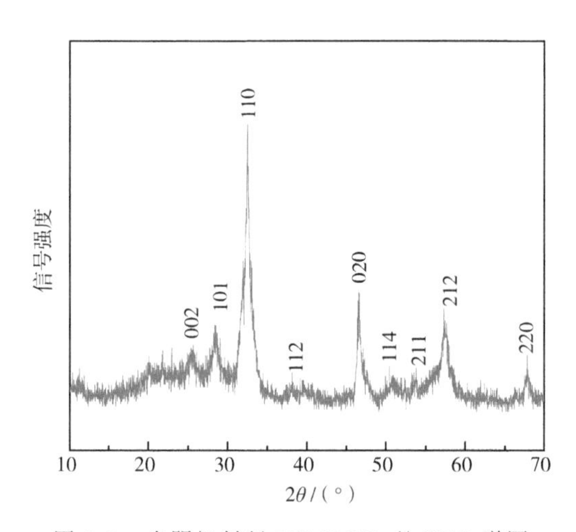

图 6.3　光阴极材料 NG-BiOBr 的 XRD 谱图

6.2.2 光电极材料的UV-vis DRS谱图

光阳极纳米材料TiO_2、NG-TiO_2及NG-TiO_2-Ag纳米复合物的UV-vis DRS测试结果如图6.4所示。由图可知，TiO_2在紫外光范围产生吸收；在与NG耦合后，其吸收峰明显地向可见光范围移动；进一步引入Ag纳米粒子后，我们在400nm左右观察到一个较宽的吸收峰，这是由Ag纳米粒子的表面等离子体效应引起的[201]。综上所述，NG-TiO_2-Ag纳米复合物的吸收明显地向可见光范围移动，非常有利于能量的有效利用，是一种具有可见光响应的光电转换材料。

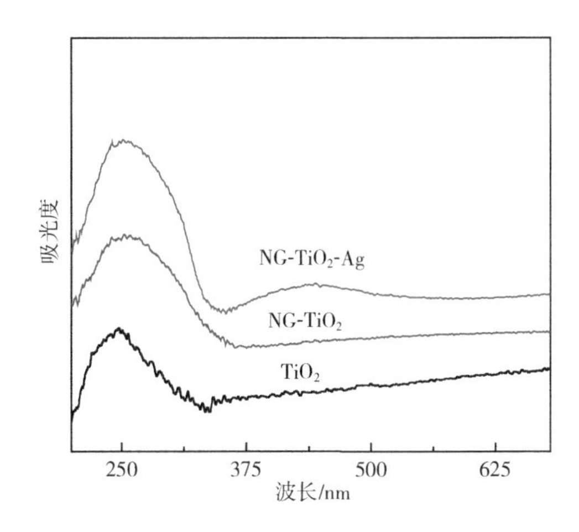

图6.4 光阳极材料TiO_2、NG-TiO_2和NG-TiO_2-Ag的UV-vis DRS谱图

光阴极纳米材料BiOBr和NG-BiOBr纳米复合物的UV-vis DRS测试结果如图6.5所示。从图中可以看到BiOBr本身就是一种可见光响应的纳米材料，复合材料在引入NG后吸收峰位置向可见光范围（400～800nm）红移。这可能是因为复合物中NG的存在，极大地降低了光的反射，从而有效增强了其在可见光范围内的吸收[203]。这种增强的可见光吸收将引发更多电子-空穴对的产生，进而大大提高半导体材料的光电化学活性[161]。综上所述，NG-BiOBr纳米复合物是一种性能良好的可见光响应的光电活性材料。

6.2.3 可见光光助自供能电化学适配体传感平台的开路电位

图6.6展示了以Aptamer/NG-TiO_2-Ag/ITO和NG-BiOBr/ITO分别为光

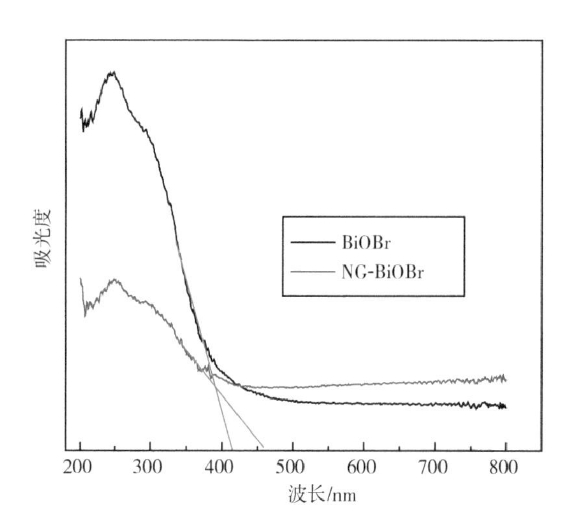

图 6.5 光阴极材料 BiOBr 和 NG-BiOBr 纳米复合物的 UV-vis DRS 谱图

阳极和光阴极，构建的可见光光助自供能适配体传感平台在无光照和有光照条件下的开路电压曲线。我们发现，在无光照的条件下，所构建的可见光光助自供能适配体传感平台的开路电压仅为 0.04V；在可见光激发的条件下，其开路电压显著增加至 0.64V，是无光照时的 16 倍。这说明在该体系中，光的激发对体系电能的产生起到至关重要的作用，可见光的照射有力地驱动了两个光电极间电子的转移，显著增强了电能的产生。

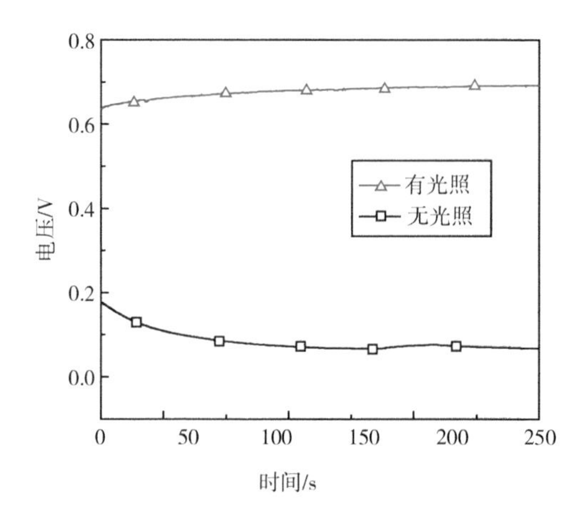

图 6.6 在 0.1mol/L 的 PBS（pH=5）中，构建的可见光光助自供能适配体传感平台在无光照和有可见光光照条件下的开路电压曲线

6.2.4 不同阳极构建的自供能平台的电能输出

为了考察三元复合物光阳极 Aptamer/NG-TiO_2-Ag/ITO 与二元复合物光阳极 Aptamer/NG-TiO_2/ITO 和一元组分 Aptamer/TiO_2/ITO，对于构建电能输出平台的优势，我们分别记录了三种不同材料修饰电极作为光阳极构建的可见光光助自供能适配体传感平台的电压-电流（*V*-*I*）关系曲线和功率输出-电流关系（*P*-*I*）曲线。图6.7分别为 Aptamer/NG-TiO_2-Ag/ITO、Aptamer/NG-TiO_2/ITO 及 Aptamer/TiO_2/ITO 作为光阳极时的 *V*-*I* 曲线［图6.7（a）］及对应的 *P*-*I* 曲线［图6.7（b）］表征。由图可知，Aptamer/TiO_2/ITO 具有最低的开路电压和能量输出功率；以二元复合物 Aptamer/NG-TiO_2/ITO 为光阳极构建的电能输出平台，相较一元组分光阳极而言，开路电压和能量输出功率均呈现明显的提升。三元复合物 Aptamer/NG-TiO_2-Ag/ITO 作为光阳极构建的电能输出平台的开路电压和能量输出功率进一步提升，在三者中表现最突出，其原因可能是：三元复合物光阳极由于引入具有表面等离子体效应的 Ag，使之具有较高的能量转换效率、光生电子-空穴分离效率和电子转移速率[106]。

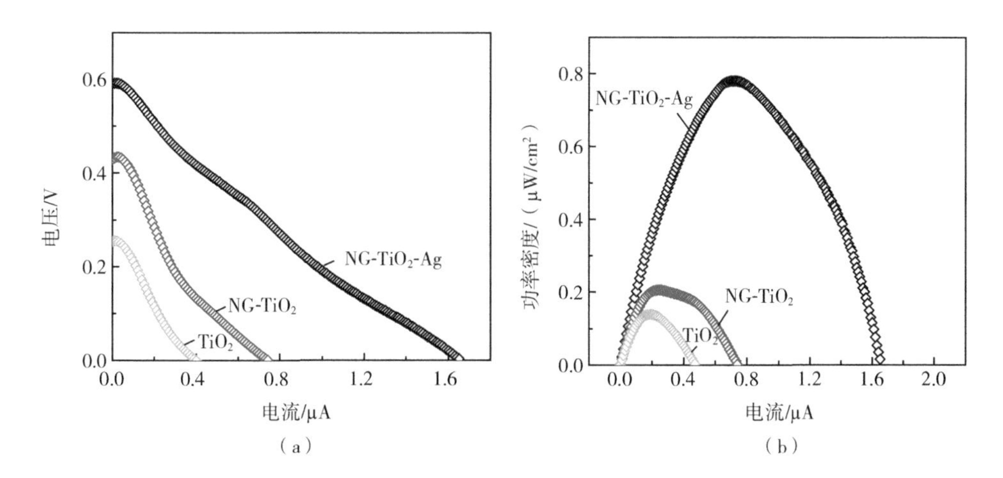

图6.7　在0.1mol/L PBS（pH=5）中，以 NG-BiOBr/ITO 为光阴极，Aptamer/TiO_2/ITO、Aptamer/NG-TiO_2/ITO 和 Aptamer/NG-TiO_2-Ag/ITO 分别为光阳极构建的可见光光助自供能适配体传感平台的 *V*-*I*（a）和 *P*-*I*（b）曲线

6.2.5 可见光光助自供能电化学适配体传感平台的检测性能

图6.8（a）和图 6.8（b）为本章所构建的可见光光助自供能传感平台的 MC-LR 浓度与 *V-I* 和 *P-I* 曲线的关系图。该自供能传感平台的最大输出功率（P_{max}）随着 MC-LR 浓度的增加而减低，因而通过 *V-I* 和 *P-I* 曲线可以检测 MC-LR 的浓度。由此，通过追踪 P_{max} 的变化，可成功地实现对 MC-LR 的定量分析。对数据进行具体分析知，P_{max} 与 MC-LR 浓度的对数值呈线性关系，线性相关系数为 0.9213，线性范围为 1pmol/L～316nmol/L，检出限为 0.33pmol/L。

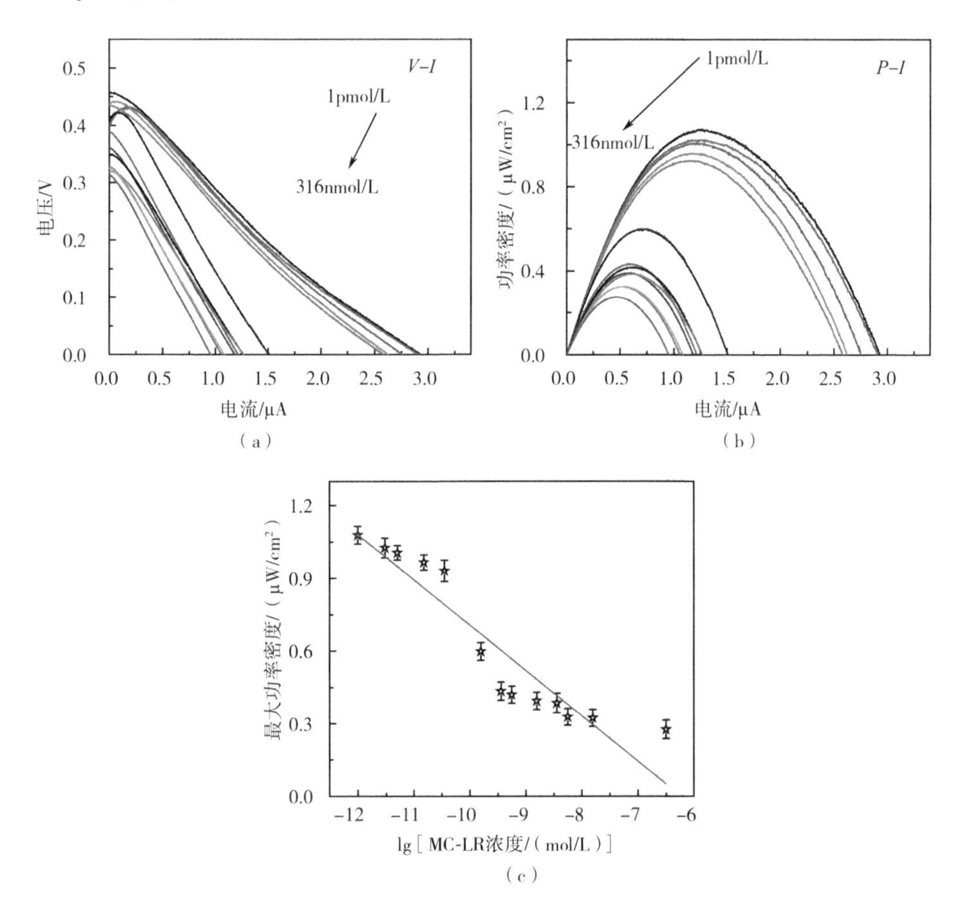

图 6.8 可见光光助自供能适配体传感平台的 MC-LR 浓度与 *V-I*（a）和 *P-I* 曲线（b）的相关性图，以及最大输出功率 P_{max} 与对应 MC-LR 浓度的线性相关曲线图（c）

6.2.6 可见光光助自供能电化学适配体传感平台的响应机理探究

本章与第5章检测构型类似，所涉及的光电活性材料及目标物也都相同，但却呈现出与之截然不同的信号关闭（“Signal-Off”）型的响应。为了研究其机理，我们设计了一系列的探究性实验对该体系的具体过程进行研究。在第5章中已证实，MC-LR可直接与电极表面的TiO_2发生作用，本章中我们继续研究了光阳极NG-TiO_2-Ag/ITO在加入目标物MC-LR前后EIS的图谱变化，结果如图6.9所示。研究发现，在体系中加入MC-LR后，光阳极界面NG-TiO_2-Ag/ITO的阻抗会明显增大，与第5章中实验结果一致，这可以作为目标物MC-LR与光阳极NG-TiO_2-Ag/ITO直接发生作用的证据之一。据此，我们推测其具体机理为：光阳极NG-TiO_2-Ag/ITO与目标物MC-LR发生某种作用（如络合反应），产生空间位阻效应，阻碍电荷的有效转移，因而引起输出信号的降低，呈现一个信号关闭（“Signal-Off”）型的响应。

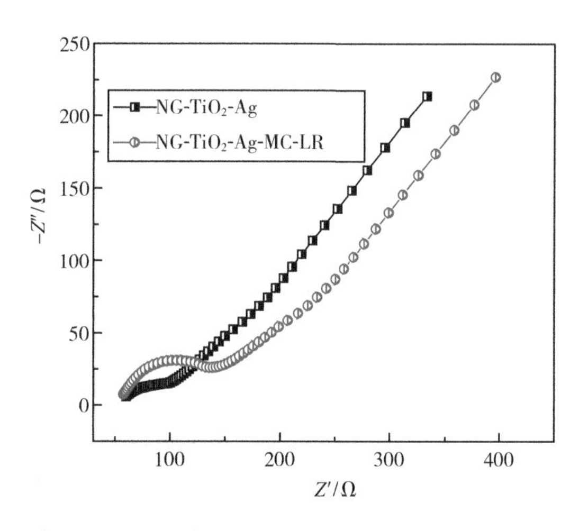

图6.9　加入MC-LR前后光阳极NG-TiO_2-Ag/ITO的阻抗图谱

图6.10为NG-TiO_2-Ag在加入MC-LR前后以及MC-LR的紫外-可见吸收光谱图。由图可知，MC-LR的特征吸收峰在200nm左右；NG-TiO_2-Ag在300nm和450nm左右有两个特征吸收峰，分别归属于其中的TiO_2和Ag组分[204,205]。在NG-TiO_2-Ag中加入MC-LR后，我们发现位于450nm附近的吸收峰消失，这说明了MC-LR的引入降低了光电活性材料NG-TiO_2-Ag对

450nm 左右的光的吸收，因而光电极材料 NG-TiO_2-Ag 的光电活性降低[206]，故引起体系输出信号的降低，呈现一个信号关闭（“Signal-Off”）型的响应。

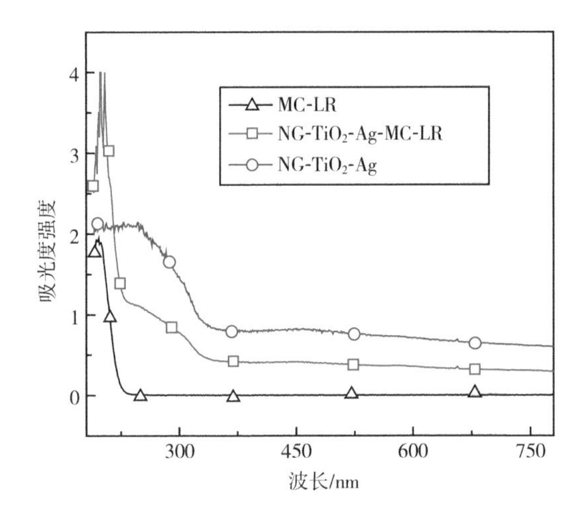

图 6.10　NG-TiO_2-Ag 溶液在加入 MC-LR 前后以及 MC-LR 的紫外-可见吸收光谱图

图 6.11 为 NG-TiO_2-Ag 在加入 MC-LR 前后的 PL 图谱。由图可以明显看出，加入 MC-LR 后 PL 的峰强增大，说明该体系中 MC-LR 的引入加速了其光生电子-空穴对的重组过程[180]，因而光电极材料 NG-TiO_2-Ag 的光电活性降低，故引起输出信号的降低，呈现一个信号关闭（“Signal-Off”）型的响应。

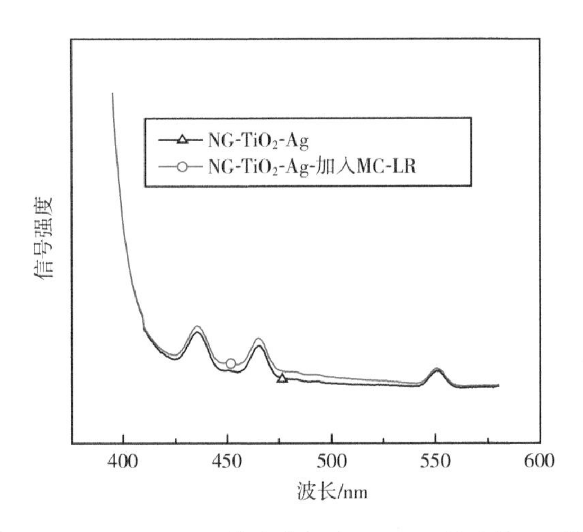

图 6.11　NG-TiO_2-Ag 溶液在加入 MC-LR 前后的 PL 图谱

综合上述三种探究实验结果可知，本章中所呈现的信号关闭（“Signal-Off”）型的响应主要来源于目标物分子 MC-LR 与光阳极 NG-TiO_2-Ag 结合，产生空间位阻，降低了其对光的吸收，促进了光生电子和空穴对的重组，引起体系电能输出信号的降低。

6.2.7 可见光光助自供能电化学适配体传感平台的选择性和稳定性

为了研究该自供能适配体传感平台的选择性，我们选择了 MC-LR 检测研究中的一些常见干扰物（如 MC-LA 和 MC-YR）为考察对象，结果如图 6.12 所示。实验结果表明，由于适配体分子对 MC-LR 的特异性识别作用，这些干扰物质不会显著地干扰自供能传感器的功率信号的输出，说明该可见光光助自供能传感器具有优异的选择性。

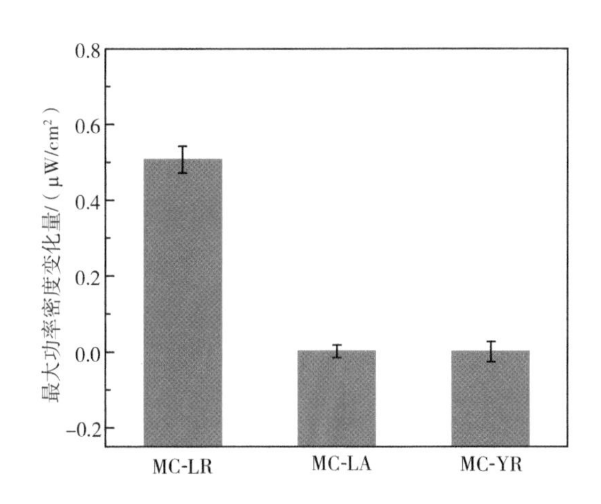

图 6.12　构建的可见光光助自供能 MC-LR 传感平台对不同干扰物的响应情况

此外，我们进一步考察了传感平台的稳定性，如图 6.13 所示。构建的可见光光助自供能 MC-LR 传感器在室温储藏 20 天后，功率输出信号依然可以维持初始测量值的 95.9%。这说明所构建的光助自供能 MC-LR 传感器在常规的储藏条件下可以保持良好的稳定性，利于工厂化批量生产、储藏和长途运输，可以实现高效、快速的实时现场检测。

6.2.8 自供能电化学适配体传感器应用于蔬菜样品中 MC-LR 的分析检测

为了探究制备的自供能适配体传感器的实用性，采用标准加入法对菠菜中

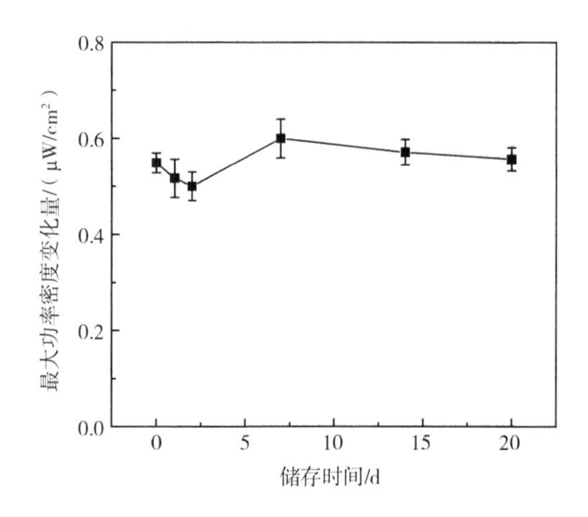

图 6.13 所构建的光助自供能 MC-LR 传感平台的稳定性图

所含 MC-LR 浓度进行了分析。通过如下过程对菠菜样品进行预处理：将不同浓度的 MC-LR（0.1μmol/L、0.2μmol/L 和 0.3μmol/L）喷洒在菠菜叶片（1cm×1cm）上，放置于室温中 12h。接着用在甲醇水溶液（1∶1）中处理过的棉签仔细擦拭叶片，随后将棉签继续浸泡在甲醇水溶液中 3～5min。最终经过计算得到的 MC-LR 浓度依次为 5nmol/L、50nmol/L 和 200nmol/L，用自供能适配体传感器平台检测的具体结果如表 6.3 所示。该自供能传感器的回收率结果在 95.60%～100.22%范围内，标准偏差为 2.54%～5.32%，说明该可见光光助自供能适配体传感器可成功用于实际样品中 MC-LR 的分析检测。

表 6.3 自供能传感器应用于分析实际菠菜样品中 MC-LR 含量的结果

样品	加入的 MC-LR 浓度/(nmol/L)	检测到的 MC-LR 浓度/(nmol/L)	回收率/%	RSD/%
菠菜	5.00	4.78	95.60	2.54
	50.00	50.11	100.22	5.32
	200.00	199.66	99.83	3.61

本章小结

① 将具有表面等离子体效应的 Ag 纳米粒子与 NG 和 TiO_2 耦合作为光阳

极，选择适配体分子作为目标物MC-LR的特异性捕获分子，构建了一种具有可见光响应的光助型自供能适配体传感平台，用于选择性检测MC-LR；

② MC-LR浓度的增加伴随着其电能功率输出信号的减小，其最大输出功率与MC-LR浓度的对数值呈现良好的线性关系，具有较宽的检出范围（1pmol/L～316nmol/L）；

③ 采用多种技术手段如EIS、紫外-可见吸收光谱和PL光谱，对其响应机理进行深入探究；

④ 所构建的光助自供能传感器具有良好的选择性和稳定性，可应用于菠菜样品中MC-LR浓度的分析检测；

⑤ 该光助自供能概念的传感器不仅大大提高了能量的利用效率，减少了检测过程的能耗，还简化了传感器的装置，为快速、可靠的现场检测提供了新方法。

第7章

MC-LR传感器的性能与适应性

本书分别采用不同的电化学传感技术如电化学发光（ECL）、光电化学（PEC）和自供能电化学传感，构建了多种电化学传感器用于MC-LR的分析检测。为了更好地评估所构建的MC-LR传感器的性能，为将来的MC-LR传感器的设计和发展提供指导，本章将所构建的不同电化学MC-LR传感器按检测方法分别与已报道的传感器的性能进行对比，并对本文所构建的几种不同电化学MC-LR传感器进行对比，对其结果进行了多方面的阐述与分析。

7.1　BN-GHs/Ru(bpy)$_3^{2+}$基ECL适配体MC-LR传感器与其他ECL传感器的性能对比

目前，采用ECL技术手段建立MC-LR的检测方法的研究极少，仅见一篇文献报道[65]，说明该领域的研究尚处于萌芽阶段，还有很多发展空间。鉴于此，将本书构建的用于MC-LR检测的ECL传感器与该文献报道进行比较，深入了解ECL体系的传感界面组成对ECL传感器性能的影响。

Zhang等[65]通过电沉积法在玻碳电极表面沉积金纳米粒子作为基底与第一抗体结合，制备的硫化镉量子点（CdS QDs）与第二抗体结合后作为ECL信号探针，研制了一种三明治夹心型ECL免疫传感器，并成功应用于MC-LR的检测；而本书第2章则采用自组装法制备了三维的硼氮同杂的石墨烯水凝胶（BN-GHs）纳米材料，并以此作为载体负载联吡啶钌[Ru(bpy)$_3^{2+}$]，进一步通过静电吸附作用负载核酸适配体分子，构建ECL适配体传感平台，成功实现了MC-LR的选择性和灵敏性检测。对两者进行对比研究（表7.1），我们可以看出两者虽然从基本方法层面而言，同属于ECL方法，但其无论从发光体系、目标物识别元件、信号响应类型，还是最终的检测性能方面来分析，两者均有明显区别。本书第2章中构建的ECL适配体MC-LR传感器具有更低的检

表7.1　本书构建的ECL传感器与文献报道的ECL传感器比较

传感方法	发光体系	目标物识别元件	信号响应类型	检测范围	检出限	文献
ECL免疫	CdS QDs-$S_2O_8^{2-}$	抗原抗体	Signal-On	0.01～50nmol/L	2.8pmol/L	[65]
ECL适配体	Ru(bpy)$_3^{2+}$-TPrA	适配体	Signal-Off	0.1～1000pmol/L	0.033pmol/L	本书第2章

出限，而 Zhang 等[65]研制的 ECL 免疫 MC-LR 传感器在检测范围上略胜一筹，两种传感器可谓各有千秋。此外，这些明显的区别体现了 ECL 方法在用于目标物分析时实现路径的多样性，表明 ECL 传感技术在日后的 MC-LR 检测应用研究中具有诸多可能性。

7.2 不同 PEC 传感器对 MC-LR 检测的性能对比

目前，设计高效的光电转换材料和检测策略是构建优异性能 PEC 传感器的重要前提和基本保障。换而言之，传感界面和检测策略与 PEC 传感器的检测性能密切相关。因此，我们将本书中构建的用于 MC-LR 检测的 PEC 传感器与文献报道的检测 MC-LR 的 PEC 传感器进行了比较研究，结果如表 7.2 所示，并探究了传感界面和检测策略对 PEC 传感器性能的影响。

由表 7.2 可知，为了实现 MC-LR 选择性和灵敏性的检测，现有的 PEC 传感方法主要有三种类型[66-71]：PEC 免疫分析、PEC 分子印迹技术和 PEC 适配体传感。三种方法均需要筛选合适的光电转换材料，通过目标物识别元件，采集 PEC 信号的变化（增强或减弱）来实现对 MC-LR 的分析。对 PEC 免疫分析而言，目标物识别元件为抗原抗体，根据具体检测策略又分为直接型和三明治夹心型，不同的检测策略导致不同的信号响应（Signal-On/Off）；不同的光电转换材料（GQDs/Si 纳米线、CdS/TiO_2 纳米棒及 CdS/TiO_2 纳米棒阵列）和检测策略共同决定最终检测性能的优劣[66-68]。通过对报道的三种 PEC 免疫传感器对比研究发现，直接型的 PEC 免疫传感器检测性能较差，而三明治夹心型的 PEC 免疫传感器无论是检测范围还是检出限，都具有更优异的表现。

表 7.2　本书构建的检测 MC-LR 的 PEC 传感器与文献报道的 PEC 传感器比较

PEC 方法	传感界面	目标物识别元件	信号响应类型	检测范围	检出限	文献
免疫分析	GQDs/Si 纳米线	抗体	Signal-Off	0.1～10nmol/L	0.055nmol/L	[66]
	CdS/TiO_2纳米棒	抗原抗体	Signal-Off	0.005～500nmol/L	1pmol/L	[68]
	CdS/TiO_2 纳米棒阵列	抗原抗体	Signal-On	0.001～100nmol/L	0.7pmol/L	[67]

续表

PEC 方法	传感界面	目标物识别元件	信号响应类型	检测范围	检出限	文献
分子印迹	TiO_2@CNTs	分子印迹膜	Signal-On	1.0pmol/L～3.0nmol/L	0.4pmol/L	[69]
适配体传感	TiO_2纳米管	适配体	Signal-On	1～500fmol/L	0.5fmol/L	[70]
	CdTe-Bi_2S_3	适配体	Signal-Off	0.01～100pmol/L	5fmol/L	[71]
	NG-BiOBr	适配体	Signal-On	0.1pmol/L～100nmol/L	0.033pmol/L	本书第 3 章
	NG-AgI	适配体	Signal-Off	0.05pmol/L～5nmol/L	0.017pmol/L	本书第 4 章

PEC 分子印迹技术在用于 MC-LR 的分析检测时表现得一般，Liu 等[69]基于分子印迹膜修饰的 TiO_2 包覆的多壁碳纳米管（MI-TiO_2@CNTs）纳米结构，成功构建了一种 PEC 分子印迹传感器应用于 MC-LR 的选择性检测，该传感器对 MC-LR 检测的线性范围为 1.0pmol/L～3.0nmol/L，检测限为 0.4pmol/L。

而 PEC 适配体传感技术是一种新兴的可实现选择性检测的 PEC 技术。与前两种技术相比，具有操作简单、成本低和技术要求低等优点，近几年得到了分析工作者的关注。本书第 3 章和第 4 章所构建的 MC-LR 传感器均属于 PEC 适配体传感器。与现有的文献报道[70,71]进行对比研究表明，与 PEC 免疫分析的原理类似，PEC 适配体传感的目标物识别元件均为核酸适配体，根据具体检测策略又分为直接型（单链 DNA）和间接型（双链 DNA），不同的检测策略可能导致不同的信号响应（Signal-On/Off）；光电转换材料（TiO_2纳米管、CdTe-Bi_2S_3、NG-BiOBr 及 NG-AgI）的差异与最终的检测性能密切相关。值得一提的是，现有文献报道以及本书中关于 PEC 适配体传感检测 MC-LR 的研究均采用相同的检测策略（直接型），只采用单链 DNA 作为识别元件，所不同的只有光电转换材料，依然能够导致信号响应类型的差异：TiO_2纳米管和 NG-BiOBr 作为光电转换材料时，传感体系呈现的是信号打开（“Signal-On”）型响应；而 CdTe-Bi_2S_3和 NG-AgI 作为光电转换材料时，传感体系呈现的是信号关闭（“Signal-Off”）型响应。出现如此现象的原因可能是不同的光电转换材料的能级结构不同，因而体系中引入 MC-LR 时电子转移的过程和方向产生差异，发生的化学反应不同，最终导致信号输出机制的差异。文献报道的两个 PEC 适配体传感器的检出限都较低[70,71]，可达到 fmol/L 级别，这可能是由于二者所选择的光电转换材料具有更好的光电化学性能，如 Liu 等[71]研制的 PEC 适配体传感器是基于一种特殊的“Z-scheme”型的异质结 $CdTe\text{-}Bi_2S_3$。但其检出范围较窄，只能跨越 3～4 个数量级。与文献报道的两个 PEC 适配体传感器相比，本书设计的两个 PEC 适配体传感器的综合检测性能良好，检出限可低达 10^{-14} mol/L，检测范围跨越 6 个数量级，因此，可将其综合评估为检测性能良好的 PEC 适配体传感器，用于实际样的检测。

7.3 不同自供能传感器对 MC-LR 检测的性能对比

目前，在现有文献中尚未见自供能传感器应用于 MC-LR 检测的研究报道，因此，在此仅对本书中第 5 章和第 6 章所构建的两种自供能 MC-LR 传感器进行对比探究（表 7.3）。

表 7.3 本书构建的两种检测 MC-LR 的自供能传感器的比较

传感方法	光助自供能传感	可见光助自供能传感
光阳极	TiO_2	NG-TiO_2-Ag
光阴极	NG-BiOBr	NG-BiOBr
是否有目标物识别元件	无	有
激发光源	模拟太阳光	可见光
信号响应类型	Signal-On	Signal-Off
检测范围	2pmol/L～155pmol/L	1pmol/L～316nmol/L
检出限	0.67pmol/L	0.33pmol/L
方法来源	第 5 章	第 6 章

7.3.1 检测构型

第6章是在第 5 章的基础上构建的自供能 MC-LR 传感器，二者检测构型在以下三个方面有所差异：①所采用的光阴极相同，但光阳极不同；②二者激发光源不同，第 5 章采用的是模拟太阳光，第 6 章则是可见光；③第 5 章未使用特异性识别元件，第 6 章引入了核酸适配体作为识别元件，提高了检测的选择性。

7.3.2　检测原理

由表7.3 可知，第 5 章和第 6 章构建的自供能 MC-LR 传感器的检测机理完全不同，第 5 章呈现一个典型的信号打开（“Signal-On”）型信号响应，这是因为 MC-LR 被光阳极 TiO_2的光生空穴氧化，抑制了电子和空穴对的重组；而第 6 章则呈现截然相反的信号关闭（“Signal-Off”）型响应，这是因为 MC-LR 与光阳极 NG-TiO_2-Ag 作用，产生空间位阻，降低了其对光的吸收，加速了其光生电子-空穴对的重组。

7.3.3　检测性能

基于上述分析的两者的检测构型和检测机理的差异，二者的检测性能也有所不同。第 5 章构建的自供能 MC-LR 传感器检测灵敏度较低，在第 5 章基础上进行改进的第 6 章构建的自供能 MC-LR 传感器不仅提高了检测灵敏度，还提高了其选择性。

7.4　基于不同电化学传感技术构建的 MC-LR 传感器的性能对比

本书采用电化学发光（ECL）、光电化学（PEC）和自供能电化学传感技术，建立了一系列检测 MC-LR 的电化学分析方法。对其进行详细的对比研究，结果如表 7.4。分析研究发现，ECL 方法与 PEC 具有可以相匹敌的检出限，二者均在 10^{-2}pmol/L 数量级，这说明了两种方法用于 MC-LR 检测都具有较高的灵敏度；但 PEC 方法具有更宽的检测范围，这可能是因为品种繁多的光电活性材料和新材料的发掘不断为 PEC 传感领域注入了新活力，增加了其发展高性能检测的可能性，而 ECL 领域里种类相对单一的发光体材料，限制了其进一步多种多样检测策略的发展，因而表现出较窄的检测范围。因此，开发和研究新型高性能的 ECL 发光体和高效的检测策略，是提高 ECL 方法在 MC-LR 检测中应用性能的有效途径。

表 7.4　本书建立的不同 MC-LR 分析方法的比较

传感技术	传感界面	检测范围	检出限	方法来源
ECL	Aptamer/$Ru(bpy)_3^{2+}$/Nafion/BN-GHs	0.1～1000pmol/L	0.03pmol/L	第 2 章
PEC	Aptamer/NG-BiOBr	0.1pmol/L～100nmol/L	0.033pmol/L	第 3 章
	Aptamer/NG-AgI	0.05pmol/L～5nmol/L	0.017pmol/L	第 4 章
自供能	光阳极：TiO_2；光阴极：NG-BiOBr	2pmol/L～155pmol/L	0.67pmol/L	第 5 章
	光阳极：NG-TiO_2-Ag；光阴极：NG-BiOBr	1pmol/L～316nmol/L	0.33pmol/L	第 6 章

自供能传感器虽然相比 ECL 和 PEC 两种方法，在仪器的便携性、装置的简单性及便于实现现场化检测方面独具优势，但在其具体的检测性能方面表现得并不突出，无论是检出限还是检测范围都不占优势。分析总结其原因有以下两个方面：

① 众所周知，光助燃料电池的性能在很大程度上与外界环境因素密切相关，如电解质溶液种类、燃料分子、氧气含量、溶液 pH 值等。而在本书设计的自供能传感体系中，供能体系也是检测平台，因而这些因素会间接影响自供能传感体系的检测性能。本文旨在初步提供一种新型的、便于实现现场检测 MC-LR 的自供能传感体系，对于燃料电池的深入考察并不是本文的研究重点。但如果是为了达到提高自供能传感器性能的目的，这个角度可以成为我们继续开展研究的切入点。

② 光助自供能传感器的构建以两个光电极的费米能级匹配为基础，以光照为驱动力，因此自供能传感器的性能好坏与两个光电极材料的结构、性质以及光电转换效率有着密不可分的联系。当使用纳米材料作为光电转换材料时，纳米材料的形貌、尺寸、活性位点及复合材料的掺杂比都与其光电转换性能有关。然而对于纳米材料的深入考察并不是本文的研究重点，本文旨在提供一种构建自供能传感体系检测 MC-LR 的新思路，但在接下来的研究工作中，可深入探究不同的纳米材料对自供能传感器性能的影响。

7.5　所构建的不同的 MC-LR 电化学传感体系的适应性

通过与现有 MC-LR 检测电化学传感器进行对比，分析了本文中所构建的光、电及自供能传感器存在的优势与不足，为今后完善和设计新型 MC-LR 传感器提供了思路。进一步对所构建的传感器从优点、局限性和适用范围三个方面进行评估和归纳总结，具体内容如下：

（1）基于 BN-GHs/$Ru(bpy)_3^{2+}$ 构筑的 ECL 适配体 MC-LR 传感器

通过三维功能纳米材料 BN-GHs 负载有机物发光体 $Ru(bpy)_3^{2+}$，构建了可用于 MC-LR 检测的 ECL 适配体传感器。研究发现，三维功能纳米材料 BN-GHs 不仅是有机物发光体 $Ru(bpy)_3^{2+}$ 的载体，也对整个体系的发光信号具有增敏作用。该传感器展现出较高的灵敏度，检测范围跨越 4 个数量级，检出限可达 10^{-14} mol/L，完全满足对 MC-LR 的检测需求。

优点：具有较高的灵敏度、优异的稳定性和重复性。

局限性：本研究中选用的是有机物发光体，价格昂贵，这大大增加了检测成本；只能实现单一 MCs 的检测，限制了其广泛应用。

适用范围：适用于对较低浓度 MC-LR 的专一检测。

（2）基于 NG-BiOBr 和 NG-AgI 构筑的两种 PEC 适配体 MC-LR 传感器

分别通过功能纳米材料 NG-BiOBr 和 NG-AgI 作为光电转换材料，研制了可用于 MC-LR 检测的 PEC 适配体传感器。研究发现，光电化学转换材料对 PEC 适配体传感器的检测性能有极大的影响，这为日后继续开展相关研究工作提供了研究思路和切入点。该类传感器具有较高的灵敏度，检出限可达 10^{-14} mol/L，检测范围跨越 6 个数量级，完全满足生产生活中对 MC-LR 的检测需求。

优点：具有宽的检测范围和低的检测限；良好的稳定性和重复性；可用于 MCs 总量的定量测定。

局限性：该传感技术的响应机理尚未形成定论，对于检测过程的影响也无从知晓。

适用范围：能够实现对 MCs 总量的评估，适用范围广，可满足大部分情况下对 MC-LR 的检测需求。

（3）基于太阳光助和可见光光助构筑的两种自供能 MC-LR 传感器

在前期对纳米科学和光电化学的研究基础上，将光电化学与燃料电池技术结合，构建了在光辅助下的自供能 MC-LR 传感器。这种自供能传感器无需外加电源，检测装置自身为检测过程供能，易于微型化和便携化，因而可以实现高效快速的现场检测。

优点：无需外加电源，易于微型化。

局限性：灵敏度不高。

适用范围：该类电化学传感器适用于对灵敏度要求不高的现场初步定量检测。

本章小结

① 本书中所构建的 MC-LR 检测的电化学发光、光电化学和自供能传感器，与现有 MC-LR 的检测技术相比，具有自己的优势；

② 本书构建的 MC-LR 检测的电化学发光、光电化学和自供能传感器就其自身而言，各有千秋，各有优势与不足，且各自具有不同的适用范围；

③ 在实际应用研究中，可根据检测需求，选择匹配度最佳的传感器。

第8章

结论与展望

(1) 结论

本书基于氮杂石墨烯基功能纳米材料优良的物理化学性质，如优异的导电性、较大的比表面积、良好的生物相容性等，耦合电化学发光（ECL）、光电化学（PEC）以及光助燃料电池等电化学技术，一方面，直接结合具有特异性识别能力的生物识别元件核酸适配体，建立了一系列用于 MC-LR 检测的常规电化学传感平台；另一方面，筛选出费米能级匹配的光电化学活性纳米材料作为光阳极和光阴极，结合光助燃料技术，构筑了两种独特的自供能传感器，并应用于 MC-LR 检测。进一步探讨了所构建的用于 MC-LR 检测的多种电化学传感平台的传感机理，提出了一些新型的理论解释，具有较高的创新性和科研价值。具体如下：

① 设计了一种具有多孔结构和比表面积较大的三维纳米材料 BN-GHs 作为固载平台固定发光分子联吡啶钌 [$Ru(bpy)_3^{2+}$]，进一步通过静电吸附作用负载生物分子适配体的 ECL 传感平台，并成功地应用于 MC-LR 的检测。在电化学石英晶体微天平实验与二维和三维材料传感性能对比实验结果的共同支撑下，提出了不需要常规的双链 DNA 分子的辅助，在仅需单链 DNA 的存在下，三维 BN-GHs 纳米材料可以直接放大目标物 MC-LR 与其适配体分子结合后产生的位阻效应，大大提高 ECL 信号的猝灭率，成功实现信号放大，完成对 MC-LR 测定的新型检测机制。所构建的 ECL 适配体传感器能够实现对 MC-LR 的选择性和灵敏性检测，线性检测范围为 0.1～1000pmol/L，检出限可达到 0.03pmol/L，在农田水样的检测中取得了令人满意的结果，回收率为 98.8%～104.0%。该 ECL 传感器制备过程简单、稳定性较好，为快速、灵敏及选择性地测定 MC-LR 提供了新方法，为普适性地 ECL 方法目标物检测提供了理论指导。

② 采用简单温和的湿化学法制备了 NG-溴化氧铋（NG-BiOBr）纳米复合物，对比研究表明，与 BiOBr 和 GR-BiOBr 相比，NG-BiOBr 纳米复合物在可见光范围的吸收明显增强，电子转移速率也显著提升，促使其电荷分离效率大大增强；在可见光照射下，NG-BiOBr 的光电流信号值分别是 BiOBr 的 4.6 倍和 GR-BiOBr 的 2 倍。基于该纳米材料为光电化学传感元件，通过 π-π 堆叠物理作用固载 MC-LR 适配体分子，建立了一种新型检测 MC-LR 的 PEC 适配体传感方法。所构建的 PEC 适配体传感器，呈现一种“Signal-On”型的光电流响应，光电流响应值随着 MC-LR 浓度的增加而增加，因而可以实现对

MC-LR的定量检测。在最优条件下，所构建的PEC适配体传感器的PEC信号与MC-LR浓度的对数两者之间呈现良好的线性关系，线性范围为0.1pmol/L～100nmol/L，检出限低达0.033pmol/L。该PEC适配体传感器还呈现出优异的选择性、重现性和稳定性，可应用于鱼样品中MC-LR的检测，样品回收率在97.8%～101.6%，在实际样品检测中有良好的可靠性。

③ 基于NG-AgI良好的PEC活性和生物相容性，研制了一种"Signal-Off"响应型的光电化学MC-LR适配体传感器。其检测原理为：目标物MC-LR与光电极表面的适配体特异性结合后，降低了光电流信号，从而达到定量检测的目的。研究发现，本文中的"Signal-Off"光电化学适配体传感器的传感机理与文献中有所不同，由此通过荧光和时间相关单光子计数作为辅助证明技术，提出了一种新型的电子流向传感机理：在PEC体系中，电子转移过程占主导时，表现出"Signal-On"型的光电流响应；光生电子-空穴重组过程占主导时，则表现出"Signal-Off"型的光电流响应。所构建的光电化学MC-LR适配体传感器具有高的选择性和灵敏性，在最佳条件下线性范围为0.05pmol/L～5nmol/L，检出限为0.017pmol/L；在应用于实际鱼样的MC-LR检测中取得了令人满意的结果，回收率在98.8%～99.6%范围内。该工作丰富了PEC传感技术的基础传感理论，发展了可用于检测MC-LR的新方法，且具有较高的实际样品检测可靠性。

④ 基于光阳极和光阴极能级匹配原则，采用TiO_2为光阳极材料，NG-BiOBr为光阴极材料，结合光助燃料电池技术，建立了双光电极光助型自供能传感平台，用于MCs的检测。所构建的自供能平台避免了生物酶的使用，降低了制作成本，开路电压依然可以达到0.54V。模型目标检测物MC-LR在体系中充当燃料分子的作用，随着MCs量的增加，其电能功率信号输出也随之增加。利用电化学阻抗技术，证实具体传感过程发生在光阳极界面，并提出了具体的传感机制：MCs被光阳极捕获后，消耗了其光生空穴，促进了其电荷分离过程，使得体系信号增强。其最大输出功率与MC-LR浓度的对数值呈现良好的线性关系，线性相关系数达到0.9813，线性范围为2pmol/L～155pmol/L，检出限为0.67pmol/L。进一步将其应用于池塘的水质检测，取得了良好的结果，回收率在99.86%～100.14%范围内。此种自供能概念的传感器易于微型化和便携化，因而可以用于MCs高效快速的现场检测。

⑤ 将具有表面等离子体效应的Ag纳米粒子和NG引入光阳极TiO_2，发展了一种双光电极可见光光助型自供能传感平台。为了提高自供能传感平台对

与 MC-LR 结构类似的其他微囊藻毒素分子检测的选择性，进一步耦合具有特异性识别能力的适配体分子，研制了可见光光助型自供能适配体传感器，用于选择性检测 MC-LR。随着 MC-LR 浓度的增加，其电能功率信号输出随之减小。利用电化学阻抗、紫外-可见吸收光谱和荧光光谱技术作为辅助手段，提出了具体的传感机制：光阳极界面特异性识别捕获 MC-LR 后，产生空间位阻效应，降低了对光的吸收效率，从而促进了光生电子和空穴对的重组过程，最终引起体系电能输出信号的降低。其最大输出功率与 MC-LR 浓度的对数呈现良好的线性关系，具有较宽的检出范围（1pmol/L～316nmol/L）。进一步将其应用于蔬菜中 MC-LR 浓度的检测，取得了令人满意的结果，回收率在 95.60%～100.22%范围内。该自供能适配体传感器具有较好的选择性和灵敏性，同时，由于无需外加电源，非常利于实施现场检测。

⑥ 对本文所建立的不同的 MC-LR 检测方法进行横向和纵向的综合评估，分析其优势与不足之处及各自的适用范围，便于实际应用中 MC-LR 检测方法的选择，为将来相关研究工作的继续开展提供了启发和指导。

(2) 创新点

① 建立了一种 ECL 分析方法用于 MC-LR 的选择性和灵敏性的检测，提出了一种基于放大位阻效应的检测机制，并通过 EQCM 技术得以证实。

② 建立了一种 PEC 分析方法用于 MC-LR 的选择性和灵敏性的检测，并成功用于鱼样品中 MC-LR 的检测。

③ 建立了一种 PEC 分析方法用于 MC-LR 的选择性和灵敏性的检测，首次提出了一种可用于解释不同响应机制的电子流向机理，并通过荧光和时间相关单光子计数两种技术手段得以证实。

④ 首次研制了两种自供能体系检测 MC-LR 的传感器，该传感器不仅无需外加电源，更利于微型化和便携化，也利用了自然界广泛存在的光能，提高了能量的利用效率。

(3) 展望

在本书的课题研究中，对用于 MC-LR 检测的电化学传感方法和自供能电化学传感方法进行了充分的探究与分析。所构筑的一系列电化学传感器不仅具有仪器简单、检测方便、灵敏度高等优点，还有利于检测设备微型化和便携化。但是，目前电化学传感以及自供能传感技术用于 MC-LR 检测的研究尚未充分展开，尤其是将电化学传感方法与纳米科学相结合仍有巨大的研究和应用潜力。因此，针对电化学传感方法发展的趋势和本课题对于 MC-LR 检测的研究基础，以下几个方面仍有待进一步开展研究：

① 制备的自供能传感体系，可进一步将其微型化，实现现场、便捷的 MC-LR 检测。首先采用高透光性能的透明纸为基底，制备透明纸基导电电极，实现纸基能源收集；接着将万用电表作为输出信号装置，初步研发具有现场监控能力和系统分析比较能力的便携式透明纸基自供能生物传感装置。

② 微囊藻毒素对农产品的污染并不是单一存在的，已经区分的微囊藻毒素的异构体有 100 多种。摄入多种微囊藻毒素污染的农产品会大大增加对人体健康的威胁。鉴于此，现阶段单组分微囊藻毒素的检测技术尚不能为农产品质量监测提供准确且全面的信息，开发两种甚至多种微囊藻毒素同时检测的技术对农产品质量的监控更符合实际需求。最近，已有多种微囊藻毒素（如 MC-LR 和 MC-RR）的特异性生物识别元件被筛选出来，为进一步开展多组分的微囊藻毒素检测奠定了基础。

参考文献

[1] Preecea E P, Hardyb F J, Moorec B C, et al. A review of microcystin detections in Estuarine and Marine waters: Environmental implications and human health risk [J]. Harmful Algae, 2017, 61: 31-45.

[2] 黄缤慧，向垒，邓哲深，等. 土壤中微囊藻毒素 MC-LR 的降解研究 [J]. 环境科学学报，2016，36（11）：4193-4198.

[3] ChorusI, Bartram J. Toxic cyanobacteria in water: A guide to their public health consequences, monitoring and management [M]. London: Taylor& Francis, 1999.

[4] Puddick J, Prinsep M R, Wood S A, et al. High levels of structural diversity observed in microcystins from microcystis CAWBG11 and characterization of six new microcystin congeners [J]. Mar Drugs, 2014, 12 (11): 5372-5395.

[5] Dietrich D, Hoeger S. Guidance values for microcystins in water and cyanobacterial supplement products (blue-green algal supplements): A reasonable or misguided approach [J]. Toxicol Appl Pharmacol, 2005, 203 (3): 273-289.

[6] 程春梅. 微囊藻毒素检测方法研究进展 [J]. 湖南农业科学，2014（6）：7-9.

[7] 于晓娟，周江亚，李亚红，等. 微囊藻毒素性质及分析处理方法研究进展 [J]. 环境科学与技术，2010，33（s1）：538-543.

[8] 张承明，徐若飞，孔维松，等. 顶空气相色谱法测定卷烟包装材料中的溶剂残留 [J]. 理化检验，2007，43（5）：397-399.

[9] 谢焰，陆怡峰，孙文梁，等. 卷烟包装纸中挥发性有机化合物（VOCs）的顶空-气相色谱分析 [J]. 中国烟草学报，2007，13（6）：13-19.

[10] 杨翠云，刘苏静，周世伟，等. 微囊藻毒素对微生物的生态毒理学效应研究进展 [J]. 生物毒理学报，2009，4（4）：602-608.

[11] He S, Liang X F, Sun J, et al. Induction of liver GST transcriptions by tert-butylhydroquinone reduced microcystin-LR accumulation in Nile tilapia (Oreochromis niloticus) [J]. Environ Saf, 2013, 90: 128-135.

[12] Mattos L J, Valenca S S, Azevedo S M F O, et al. Dualistic evolution of liverdamage in mice triggered by a single sublethal exposure to microcystin-LR [J]. Toxicon, 2014, 83: 43-51.

[13] 董玲，段丽菊，张慧珍，等. 微囊藻毒素致小鼠肝、肾和睾丸细胞蛋白质交联的研究 [J] . 卫生研究，2008，37 (2)：1442 -1462.

[14] Corbel S，Bouaicha N，Nelieu S，et al. Soil irrigation with water and toxic cyanobacterial microcystins accelerates tomato development [J] . Environ Chem Lett，2015，13 (4)：447 -452.

[15] Chen W，Jia Y L，Li E H，et al. Soil-based treatments of mechanically collected cyanobacterial blooms from Lake Taihu：Efficiencies and potential risks [J] . Environ Sci Technol，2012，46 (24)：13370 -13376.

[16] 詹晓静，向垒，李彦文，等. 农田土壤中微囊藻毒素污染特征及风险评价 [J] . 中国环境科学，2015，35 (7)：2129 -2136.

[17] 李彦文. 典型微囊藻毒素在土壤-蔬菜系统中的污染特征与毒性研究 [D] . 广州：暨南大学，2015.

[18] Chen W，Li L，Gan N Q，et al. Optimization of an effective extraction procedure for the analysis of microcystins in soils and lake sediments [J] . Environ Pollut，2006，143 (2)：241-246.

[19] Codd G A，Metcalf J S，Beattie K A. Retention of microcystis aeruginosa and microcystin by salad lettuce （Lactucasativa） afters pray irrigation with water containing cyanobacteria [J] . Toxicon，1999，37 (8)：1181-1185.

[20] Codd G A，Bell S G，Kaya K，et al. Cyanobacterial toxins，exposure routes and human health [J] . Eur J Phycol，1999，34 (4)：405 -415.

[21] Li Y W，Zhan X J，Xiang L，et al. Analysis of trace microcystins in vegetables using solid-phase extraction followed by high performance liquid chromatography triple-quadrupole mass spectrometry [J] . J Agric Food Chem，2014，62 (49)：11831-11839.

[22] Chen J Z，Song L R，Dai E，et al. Effects of microcystins on the growth and the activity of superoxide dismutase and peroxidase of rape （Brassica napus L.） and rice （Oryza sativa L.） [J] . Toxicon，2004，43 (4)：393 -400.

[23] McElhiney J，Lawton L A，Leifert C，Investigations into the inhibitory effects of micirocystins on plant growth and the toxicity of plant tissues following exposure [J] . Toxicol，2001，29 (9)：1411-1420.

[24] Järvenpää S，Lundberg-Niinistö C，Spoof L，et al. Effects of microcystins on broccoli and mustard，and analysis of accumulated toxin by liquid chromatography-mass spectrometry [J] . Toxicon，2007，49 (6)：865 -874.

[25] Chen J，Han F X，Wang F，et al. Accumulation and phytotoxicity of microcystin-LR in rice (Oryza sativa) [J] . Ecotoxicol Environ Saf，2012，76：193 -199.

[26] Mohamed Z A，Al Shehri A M. Microcystins in groundwater wells and their accumulation in vegetable plants irrigated with contaminated waters in Saudi Arabia [J] . J Hazard Mater，2009，172 (1)：310 -315.

[27] 官帅，陈子雷，李慧冬，等. 农产品中微囊藻毒素的国内研究现状及展望 [J]. Journal of Anhui Agri Sci，2015，43（3）：212-213.

[28] 刘碧波，武秀琴，崔树军，等. 农作物对微囊藻毒素耐受性差异的研究进展 [J]. 四川环境，2012，31（3）：94-97.

[29] Pflugmachcr S，Hofmann J，I-liibner B. Effects on growth and physiological parameters in wheat（Triticum aestivum L.）grown in soil and irrigated with cyanobacterial toxin contaminated water [J]. Environ Toxicol Chem，2007，26（12）：2710-2716.

[30] Chen J，Song L，Dai J，et al. Effects of microcystins on the growth and the activity of superoxide dismutase and peroxi-dase of rape（Brassica napus L. and rice（Oryza sativa L.）[J]. Toxicon，2004，43（4）：393-400.

[31] Yin L Y，Huang J Q，Huang W M，et al. Responses of antioxidant system in Arabidopsis thaliana suspension cells to the toxicity of microcystin-RR [J]. Toxicon，2005，46（8）：859-864.

[32] Khalloufi F E，Ghazali I E，Saqrane S，et al. Phytotoxic effects of a natural bloom extract containing microcystins on Lycopersicon esculentum [J]. Ecotoxicol Environ Saf，2012，79：199-205.

[33] Corbel S，Mougin C，Bouaicha N. Cyanobacterial toxins：Modes of actions，fatein aquatic and soil ecosystems，phytotoxicity and bioaccumulation in agricultural crops [J]. Chemosphere，2014，96：1-15.

[34] 谢平. 蓝藻水华及其次生危害 [J]. 水生态学杂志，2015，36（4）：1-13.

[35] 薛庆举，苏小妹，谢丽强. 蓝藻毒素对底栖动物的毒理学研究进展 [J]. 生态学报，2015，35（14）：4570-4578.

[36] Magalhases V F，Soares R M，Azevedo S M，et al. Microcystin contamination in fish from the Jacarepagua Lagoon（Rio de Janei-ro，Brazio）：Ecologcal implication and human health risk [J]. Toxicol，2001，39（7）：1077-1085.

[37] 谢平. 水生动物体内的微囊藻毒素及其对人类健康的潜在威胁 [M]. 北京：科学出版社，2006.

[38] 吴幸强，龚艳，王智，等. 微囊藻毒素在滇池鱼体内的积累水平及分布特征 [J]. 水生生物学报，2010，34（2）：388-393.

[39] 贾军梅，罗维，吕永龙. 微囊藻毒素在太湖白鲢体内的累积规律及其影响因素 [J]. 生态毒理学报，2014，9（2）：382-390.

[40] 贾军梅，罗维，吕永龙. 太湖鲫鱼和鲤鱼体内微囊藻毒素的累积及健康风险 [J]. 环境化学，2014，33（2）：186-193.

[41] Miller M A，Kudela R M，Mekebri A，et al. Evidence for a novel marine harmful algal bloom：Cyanotoxin（microcystin）transfer from land to sea otters [J]. PLoS One，2010，5（9）：e12576.

[42] 汪靖, 郑竟, 鄢灵君, 等. 福建沿海市售海产贝类微囊藻毒素的污染状况 [J]. 环境与职业医学, 2016, 33(11): 1037-1042.

[43] Lance E, Josso C, Dietrich D, et al. Histopathology and microcystin distribution in Lymnaea stagnalis (Gastropoda) following toxic cyanobacterial or dissolved microcystin-LR exposure [J]. Aquat Toxicol, 2010, 98(3): 211-220.

[44] Liu Y D, Song L R, Li X Y, et al. The toxic effects of microcystin-LR on embryo-larval and juvenile development of loach, Misguruns mizolepis Gunthe [J]. Toxicon, 2002, 40(4): 395-399.

[45] Molina R, Moreno I, Pichardo S, et al. Acid and alkaline phosphatase activities and pathological changes induced in Tilapia fish (Oreochromis sp.) exposed subchronically to microcystins from toxic cyanobacterial blooms under laboratory conditions [J]. Toxicon, 2005, 46(7): 725-735.

[46] WHO.Guidelines for drinking-water quality [R]. Geneva WHO, 1998: 95-110.

[47] 中华人民共和国卫生部, 国家标准化管理委员会.生活饮用水卫生标准: GB 5749—2006 [S]. 北京: 中国标准出版社, 2006.

[48] 国家市场监督管理总局, 国家标准化管理委员会. 生活饮用水卫生标准: GB 5749—2022 [S]. 北京: 中国标准出版社, 2022.

[49] 陈蕾.水体中微囊藻毒素检测方法研究进展 [J]. 净水技术, 2017, 36(s2): 1-6.

[50] 中国科学院水生生物研究所, 国家标准化管理委员会. GB/T 20466—2006. 水中微囊藻毒素的测定 [S]. 北京: 中国标准出版社, 2007.

[51] 李旭光, 周刚, 周军, 等. 太湖微囊藻毒素在罗非鱼体内累积及生物降解的初步研究 [J]. 水生态学杂志, 2010, 3(1): 67-71.

[52] 陈海燕, 虞锐鹏, 俞辛辛, 等. 高效液相色谱法测定鳙鱼肉中三种微囊藻毒素 [J]. 中国卫生检验杂志, 2011, 21(9): 2152-2156.

[53] 杨振宇, 周瑶. 液相色谱-串联质谱法检测动物源性水产品中 7 种微囊藻毒素 [J]. 质谱学报, 2014, 35(5): 447-453.

[54] van Dorst B, Mehta J, Bekaert K, et al. Recent advances in recognition elements of food and environmental biosensors: A review [J]. Biosens Bioelectron, 2010, 26(4): 1178-1194.

[55] Kim C, Jo E, Kang B, et al. Giant magnetic anisotropy in Mn_3O_4 investigated by $^{55}Mn^{2+}$ and $^{55}Mn^{3+}$ NMR [J]. Phys Rev B, 2012, 86(22): 224420.

[56] Zhang J, Lei J P, Xu C L, et al. Carbon nanohorn sensitized electrochemical immunosensor for rapid detection of microcystin-LR, carbon manohorn sensitized electrochemical immunosensor for rapid detection of microcystin-LR [J]. Anal Chem, 2010, 82(3): 1117-1122.

[57] Wei Q, Zhao Y F, Du B, et al. Nanoporous PtRu alloy enhanced nonenzymatic immunosensor

for ultrasensitive detection of microcystin-LR [J]. Adv Funct Mater, 2011, 21 (21): 4193-4198.

[58] Lotierzo M, Abuknesha R, Davis F, et al. A membrane-based ELISA assay andelectrochemical immunosensor for microcystin-LR in water samples [J]. Environ Sci Technol, 2012, 46 (10): 5504-5510.

[59] Zhao H M, Tian J P, Quan X. A graphene and multienzyme functionalized carbon nanosphere-based electrochemical immunosensor for microcystin-LR detection [J]. Colloids Surf B, 2013, 103: 38-44.

[60] Ge S G, Liu W Y, Ge L, et al.In situ assembly of porous Au-paper electrode and functionalization of magnetic silica nanoparticles with HRP via click chemistry for microcystin-LR immunoassay [J]. Biosens Bioelectron, 2013, 49: 111-117.

[61] Eissa S, Ng A, Siaj M, et al. Label-free voltammetric aptasensor for the sensitive detection of microcystin-LR using graphene-modified electrodes [J]. Anal Chem, 2014, 86 (15): 7551-7557.

[62] Catanante G, Espin L, Marty J L. Sensitive biosensor based on recombinant PP1α for microcystin detection [J]. Biosens Bioelectron, 2015, 67: 700-707.

[63] Lin Z Y, Huang H M, Xu Y X, et al. Determination of microcystin-LR in water by a label-free aptamer based electrochemical impedance biosensor [J]. Talanta, 2013, 103: 371-374.

[64] Zhang W, Han C, Jia B P, et al. A 3D graphene-based biosensor as an early microcystin-LR screening tool in sources of drinking water supply [J]. Electrochim Acta, 2017, 236: 319-327.

[65] Zhang J J, Kang T F, Hao Y C, et al. Electrochemiluminescent immunosensor based on CdS quantum dots for ultrasensitive detection of microcystin-LR [J]. Sens Actuators B, 2015, 214: 117-123.

[66] Tian J P, Zhao H M, Quan X, et al. Fabrication of graphene quantum dots/silicon nanowires nanohybrids for photoelectrochemical detection of microcystin-LR [J]. Sens Actuators B, 2014, 196: 532-538.

[67] Wei J, Qileng A, Yan Y, et al. A novel visible-light driven photoelectrochemical immunosensor based on multi-amplification strategy for ultrasensitive detection of microcystin-LR [J]. Anal Chim Acta, 2017, 994: 82-91.

[68] Qileng A, Cai Y, Wei J, et al. Construction of CdS/B-TiO_2 nanorods photoelectrochemical immunosensor for the detection of microcystin-LR using SiO_2@ G-quadruplex as multi-amplifier [J]. Sens Actuators B, 2018, 254: 727-735.

[69] Liu M C, Ding X, Yang Q W, et al. A pM leveled photoelectrochemical sensor for microcys-

tin-LR based on surface molecularly imprinted TiO_2@ CNTs nanostructure [J] . J Hazard Mater, 2017, 331: 309 -320.

[70] Liu M C, Yu J, Ding X, et al. Photoelectrochemical aptasensor for the sensitive detection of microcystin-LR based on graphene functionalized vertically-aligned TiO_2 nanotubes [J] . Electroanalysis, 2016, 28 (1) : 161-168.

[71] Liu Q, Huan J, Hao N, et al.Engineering of heterojunction-mediated biointerface for photoelectrochemical aptasensing: Case of direct Z-scheme CdTe-Bi_2S_3 heterojunction with improved visible-light-driven photoelectrical conversion efficiency [J] . ACS Appl Mater Interfaces, 2017, 9 (21) : 18369 -18376.

[72] Rizwan M, Mohd-Naim N F, Ahmed M U. Trends and advances in electrochemiluminescence nanobiosensors [J] . Sensors, 2018, 18 (1) : UNSP166.

[73] Li L L, Chen Y, Zhu J J. Recent advances in electrochemiluminescence analysis [J] . Anal Chem, 2017, 89 (1) : 358 -371.

[74] Liu Z Y, Qi W J, Xu G B. Recent advances in electrochemiluminescence [J] . Chem Soc Rev, 2015, 44 (10) : 3117 -3142.

[75] Khonsar Y N, Sun S G. Recent trends in electrochemiluminescence aptasensors and their applications [J] . Chem Commun, 2017, 53 (65) : 9042 -9054.

[76] Wen W, Yan X, Zhu C Z, et al. Recent advances in electrochemical immunosensors [J] . Anal Chem, 2017, 89 (1) : 138 -156.

[77] Hao N, Wang K.Recent development of electrochemiluminescence sensors for food analysis [J] . Anal Bioanal Chem, 2016, 408 (25) : 7035 -7048.

[78] Zhao W W, Xu J J, Chen H Y. Photoelectrochemical DNA biosensors [J] . Chem Rev, 2014 (15) , 114: 7421-7441.

[79] Devadoss A, Sudhagar P, Terashima C, et al. Photoelectrochemical biosensors: New insights into promising photoelectrodes and signal amplification strategies [J] . J Photochem Photobiol, C, 2015, 24: 43 -63.

[80] Zhao W W, Xu J J, Chen H Y. Photoelectrochemical bioanalysis: The state of the art [J] . Chem Soc Rev, 2015, 44 (3) : 729 -741.

[81] Zhao W W, Xiong M, Li X R, et al. Photoelectrochemical bioanalysis: A mini review [J] . Electrochem Commun, 2014, 38: 40 -43.

[82] Ng A, Chinnappan R, Eissa S, et al. Selection, characterization, and biosensing application of high affinity congener-specific microcystin-targeting aptamers [J] . Environ Sci Technol, 2012, 46 (19) : 10697 -10703.

[83] Shi Y, Wu J Z, Sun Y J, et al. A graphene oxide based biosensor for microcystins detection by

fluorescence resonance energy transfer [J] . Biosens Bioelectron, 2012, 38 (1) : 31-36.

[84] Lv J J, Zhao S, Wu S J, et al. Upconversion nanoparticles grafted molybdenum disulfide nanosheets platform for microcystin-LR sensing [J] . Biosens Bioelectron, 2017, 90: 203 -209.

[85] Wang F F, Liu S Z, Lin M X, et al. Colorimetric detection of microcystin-LR based on disassembly of orient-aggregated gold nanoparticle dimmers [J] . Biosens Bioelectron, 2015, 68: 475 -480.

[86] Li X Y, Cheng R J, Shi H J, et al. A simple highly sensitive and selective aptamer-based colorimetric sensor for environmental toxins microcystin-LR in water samples [J] . J Hazard Mater, 2016, 304: 474 -480.

[87] Wang H B, Maiyalagan T, Wang X. Review on recent progress in nitrogen-doped graphene: Synthesis, characterization, and its potential applications [J] . ACS Catal, 2012, 2 (5) : 781-794.

[88] Lee W J, Maiti U N, Lee J M, et al. Nitrogen-doped carbon nanotubes and grapheme composite structures for energy and catalytic applications [J] . Chem Commun, 2014, 50 (52) : 6818 - 6830.

[89] Majumder T, Mondal S P. Advantages of nitrogen-doped graphene quantum dots as a green sensitizer with ZnO nanorod based photoanodes for solar energy conversion [J] . J Electroanal Chem, 2016, 769: 48 -52.

[90] Mukherji A, Marschall R, Tanksale A, et al. N-Doped Cs $TaWO_6$ as a new photocatalyst for hydrogen production from water splitting under solar irradiation [J] . Adv Funct Mater, 2011, 21 (33) : 126 -132.

[91] Gai P P, Zhao C E, Wang Y, et al. NADH dehydrogenase-like behavior of nitrogen-doped graphene and its application in NAD^+ -dependent dehydrogenase biosensing [J] . Biosens Bioelectron, 2014, 62 (20) : 170 -176.

[92] Zhang C Y, Wang L, Wang A M, et al. A novel electrochemiluminescence sensor based on nitrogen-doped graphene/CdTe quantum dots composite [J] . Appl Surf Sci, 2014, 315: 22 -27.

[93] Jiang D, Du X J, Liu Q, et al. One-step thermal-treatment route to fabricate well-dispersed ZnO nanocrystals on nitrogen-doped graphene for enhanced electrochemiluminescence and ultrasensitive detection of pentachlorophenol [J] . ACS Appl Mater Interfaces, 2015, 7 (5) : 3093 -3100.

[94] Jiang D, Du X J, Liu Q, et al. Anchoring AgBr nanoparticles on nitrogen-doped graphene for enhancement of electrochemiluminescence and radical stability [J] . Chem Commun, 2015, 51 (21) : 4451-4454.

[95] Du X J, Jiang D, Liu Q, et al. Enhanced electrochemiluminescence sensing platform using ni-

trogen-doped graphene as a novel two-dimensional mat of silver nanoparticles [J] . Talanta, 2015, 132: 146 -149.

[96] Du X J, Jiang D, Chen S B, et al. CeO_2 nanocrystallines ensemble-on-nitrogen-doped grapheme nanocomposites: One-pot, rapid synthesis and excellent electrocatalytic activity for enzymatic biosensing [J] . Biosens Bioelectron, 2017, 89: 681-688.

[97] Hao N, Zhang X, Zhou Z, et al. AgBr nanoparticles/3D nitrogen-doped graphene hydrogel for fabricating all-solid-state luminol-electrochemiluminescence Escherichia coli aptasensors [J] . Biosens Bioelectron, 2017, 97: 377 -383.

[98] Tang L B, Ji R B, Li X M, et al. Energy-level structure of nitrogen-doped grapheme quantum dots [J] . J Mater Chem C, 2013, 1 (32) : 4908 -4915.

[99] Du X J, Jiang D, Liu Q, et al. Fabrication of graphene oxide decorated with nitrogen-doped graphene quantum dots and its enhanced electrochemiluminescence for ultrasensitive detection of pentachlorophenol [J] . Analyst, 2015, 140 (4) : 1253 -1259.

[100] Zhu W J, Khan M S, Cao W, et al. Ni (OH) $_2$/NGQDs-based electrochemiluminescence immunosensor for prostate specific antigen detection by coupling resonance energy transfer with Fe_3O_4@ MnO_2 composites [J] . Biosens Bioelectron, 2017, 99: 346 -352.

[101] Zhang R, Adsetts J R, Nie Y, et al. Electrochemiluminescence of nitrogen- and sulfur-doped graphene quantum dots [J] . Carbon, 2018, 129: 45 -53.

[102] Hou Y, Wen Z H, Cui S M, et al. Constructing 2D porous graphitic C_3N_4 nanosheets/nitrogen-doped graphene/layered MoS_2 ternary nanojunction with enhanced photoelectrochemical activity [J] . Adv Mater, 2013, 25 (43) : 6291-6297.

[103] Wang S L, Li J J, Zhou X D, et al. Facile preparation of 2D sandwich-like CdS nanoparticles/ nitrogen-doped reduced grapheme oxide hybrid nanosheets with enhanced photoelectrochemical properties [J] . J Mater Chem A, 2014, 2 (46) : 19815 -19821.

[104] He L M, Jing L Q, Luan Y B, et al. Enhanced visible activities of α-Fe_2O_3 by coupling N-doped graphene and mechanism insight [J] . ACS Catal, 2014, 4 (3) : 990 -998.

[105] Zhou L, Jiang D, Du X J, et al. Femtomolar sensitivity of bisphenol A photoelectrochemical aptasensor induced by visible light-driven TiO_2 nanoparticles decorated nitrogen doped graphene [J] . J Mater Chem B, 2016, 4 (37) : 6249 -6257.

[106] Jiang D, Du X J, Chen D Y, et al. One-pot hydrothermal route to fabricate nitrogen doped graphene/Ag-TiO_2: Efficient charge separation, and high-performance "on-off-on" switch system based photoelectrochemical biosensing [J] . Biosens Bioelectron, 2016, 83: 149 -155.

[107] Dai L M, Du X J, Jiang D, et al. Ultrafine α-Fe_2O_3 nanocrystals anchored on N-doped graphene: A nanomaterial with long hole diffusion length and efficient visible light-excited

charge separation for use in photoelectrochemical sensing [J] . Microchim Acta, 2017, 184 (1) : 137 -145.

[108] Du X J, Dai L M, Jiang D, et al. Gold nanrods plasmon-enhanced photoelectrochemical aptasensing based on hematite/N-doped graphene films for ultrasensitive analysis of 17β-estradiol [J] . Biosens Bioelectron, 2017, 91: 706 -713.

[109] Hao N, Hua R, Chen S B, et al. Multiple signal-amplification via Ag and TiO_2 decorated 3D nitrogen doped graphene hydrogel for fabricating sensitive label-free photoelectrochemical thrombin aptasensor [J] . Biosens Bioelectron, 2018, 101: 14 -20.

[110] Katz E, Buckmann A F, Willner I. Self-powered enzyme-based biosensors [J] . J Am Chem Soc, 2001, 123 (43) : 10752 -10753.

[111] Mano N, Poulpiquet A. O_2 reduction in enzymatic biofuel cells [J] . Chem Rev, 2018, 118 (5) : 2392 -2468.

[112] Gai P P, Ji Y S, Wang W J, et al. Ultrasensitive self-powered cytosensor [J] . Nano Energy, 2016, 19: 541-549.

[113] Wang L L, Shao H H, Wang W J, et al. Nitrogen-doped hollow carbon nanospheres for high-energy-density biofuel cells and self-powered sensing of microRNA-21 and microRNA-141 [J] . Nano Energy, 2018, 44: 95 -102.

[114] Yang Y, Liu T Y, Liao Q, et al. A three-dimensional nitrogen-doped graphene aerogel-activated carbon composite catalyst that enables low-cost microfluidic microbial fuel cells with superior performance [J] . J Mater Chem A, 2016, 4 (41) : 15913 -15919.

[115] Guo D, Song R B, Shao H H, et al. Visible-light-enhanced power generation in microbial fuel cells coupling with 3D nitrogen-doped graphene [J] . Chem Commun, 2017, 53 (72) : 9967 -9970.

[116] Pankratova G, Pankratov D, Hasan K, et al. Supercapacitive photo-bioanodes and biosolar cells: A novel approach for solar energy harnessing [J] . Adv EnergyMater, 2017, 7 (12) : 1602285.

[117] Wu P, Hou X D, Xu J J. Electrochemically generated versus photoexcited luminescence from semiconductor nanomaterials: Bridging the valley betweentwo worlds [J] . Chem Rev, 2014, 114 (21) : 11027 -11059.

[118] Challier L, Mavré F, Moreau J, et al. Simple and highly enantioselective electrochemical aptamer-based binding assay for trace detection of chiral compounds [J] . Anal Chem, 2012, 84 (12) : 5415 -5420.

[119] Liu Y T, Lei J P, Huang Y, et al. "Off-On" electrochemiluminescence system for sensitive detection of ATP via target-induced structure switching [J] . Anal Chem, 2014, 86 (17) :

8735 -8741.

[120] Fu X M, Tan X R, Yuan R, et al. A dual-potential electrochemiluminescence ratiometric sensor for sensitive detection of dopamine based on graphene-CdTe quantum dots and self-enhancedRu (Ⅱ) complex [J]. Biosens Bioelectron, 2017, 90: 61-68.

[121] Ou X, Tan X G, Liu X F, et al. A signal-on electrochemiluminescence biosensor for detecting Con A using phenoxy dextran-graphite-like carbon nitride as signal probe [J]. Biosens Bioelectron, 2015, 70: 89 -97.

[122] Zhao M, Zhuo Y, Chai Y Q, et al. Au nanoparticles decorated C_{60} nanoparticle-based label-free electrochemiluminesence aptasensor via a novel "on-off-on" switch system [J]. Biomaterials, 2015, 52 (1): 476 -483.

[123] Yang L L, Zhang Y, Li R B, et al. Electrochemiluminescence biosensor for ultrasensitive determination of ochratoxin A in corn samples based on aptamer and hyperbranched rolling circle amplification [J]. Biosens Bioelectron, 2015, 70: 268 -274.

[124] Yang M L, Jiang B Y, Xie J Q, et al. Electrochemiluminescence recovery-based aptasensor for sensitive ochratoxin A detection via exonuclease-catalyzed target recycling amplification [J]. Talanta, 2014, 125 (11): 45 -50.

[125] Novoselov K S, Geim A K, Morozov S V, et al. Electric field effect in atomically thin carbon films [J]. Science, 2004, 306 (5296): 666 -669.

[126] Liu M, Song J P, Shuang S M, et al. A graphene-based biosensing platform based on the release of DNA probes and rolling circle amplification [J]. ACS Nano, 2014, 8 (6): 5564 - 5573.

[127] Zhao Y, Hu C G, Hu Y, et al. A versatile, ultralight, nitrogen-doped graphene framework [J]. Angew Chem Int Ed, 2012, 51 (45): 11371-11375.

[128] Li F, Yu Y Q, Li Q, et al. A homogeneous signal-on strategy for the detection of rpoB genes of mycobacterium tuberculosis based on electrochemiluminescent graphene oxide and ferrocene quenching [J]. Anal Chem, 2014, 86 (3): 1608 -1613.

[129] Dai B, Chen K, Wang Y, et al. Boron and nitrogen doping in graphene for the catalysis of acetylene hydrochlorination [J]. ACS Catal, 2015, 5 (4): 2541-2547.

[130] Zheng Y, Jiao Y, Ge L, et al. Two-step boron and nitrogen doping in graphene for enhanced synergistic catalysis [J]. Angew Chem Int Ed, 2013, 52 (11): 3110 -3116.

[131] Gilje S, Han S, Wang M S, et al. A chemical route to graphene for device applications [J]. Nano Lett, 2007, 7 (11): 3394 -3397.

[132] Buttry D A, Ward M D. Measurement of interfacial processes at electrode surfaces with the electrochemical quartz crystal microbalance [J]. Chem Rev, 1992, 92 (6): 1355 -1379.

[133] Diltemiz S E, Hür D, Ersöz A, et al. Designing of MIP based QCM sensor having thymine recognition sites based on biomimicking DNA approach [J]. Biosens Bioelectron, 2009, 25 (3): 599-603.

[134] Nardecchia S, Carriazo D, Ferrer M L, et al. Three dimensional macroporous architectures and aerogels built of carbon nanotubes and/or graphene: synthesis and applications [J]. Chem Soc Rev, 2013, 42 (2): 794-830.

[135] Leland J K, Powell M J. Electrogenerated chemiluminescence: An oxidative-reduction type ECL reaction sequence using tripropyl amine [J]. J Electrochem Soc, 1990, 137 (10): 3127-3131.

[136] Hindson C M, Hanson G R, Francis P S, et al. Any old radical won't do: An EPR study of the selective excitation and quenching mechanisms of $[Ru(bipy)_3]^{2+}$ chemiluminescence and electrochemiluminescence [J]. Chem Eur J, 2011, 17 (29): 8018-8022.

[137] Yuan Y L, Han S, Hu L Z, et al. Coreactants of tris (2,2′-bipyridyl) ruthenium (Ⅱ) electrogenerated chemiluminescence [J]. Electrochim Acta, 2012, 82: 484-492.

[138] Guo Z H, Dong S J. Electrogenerated chemiluminescence from $Ru(bpy)_3^{2+}$ ion-exchanged in carbon nanotube/perfluorosulfonated ionomer composite films [J]. Anal Chem, 2004, 76 (10): 2683-2688.

[139] Zhao Y, Yang L, Chen S, et al. Can boron and nitrogen co-doping improve oxygen reduction reaction activity of carbon nanotubes? [J]. J Am Chem Soc, 2013, 135 (4): 1201-1204.

[140] Jiang D, Liu Q, Wang K, et al. Enhanced non-enzymatic glucose sensing based on copper nanoparticles decorated nitrogen-doped graphene [J]. Biosens Bioelectron, 2014, 54: 273-278.

[141] Choi C, Park S, Woo S. Binary and ternary doping of nitrogen, boron, and phosphorus into carbon for enhancing electrochemical oxygen reduction activity [J]. ACS Nano, 2012, 6 (8): 7084-7091.

[142] Niyogi S, Bekyarova E, Itkis M E, et al. Spectroscopy of covalently functionalized graphene [J]. Nano Lett, 2010, 10 (10): 4061-4066.

[143] Wang S, Zhang L, Xia Z, et al. BCN graphene as efficient metal-free electrocatalyst for the oxygen reduction reaction [J]. Angew Chem Int Ed, 2012, 51 (17): 4209-4212.

[144] Yang G H, Zhou Y H, Wu J J, et al. Microwave-assisted synthesis of nitrogen and boron co-doped graphene and its application for enhanced electrochemical detection of hydrogen peroxide [J]. RSC Adv, 2013, 3 (44): 22597-22604.

[145] Yang L J, Jiang S J, Zhao Y, et al. Boron-doped carbon nanotubes as metal-free electrocatalysts for the oxygen reduction reaction [J]. Angew Chem Int Ed, 2011, 50 (31): 7132-

7135.

[146] Zhang X R, Zhao Y Q, Li S G, et al. Photoelectrochemical biosensor for detection of adenosine triphosphate in the extracts of cancer cells [J]. Chem Commun, 2010, 46 (48): 9173-9175.

[147] Ma W, Chen W, Qiao R R, et al. Rapid and sensitive detection of microcystin by immunosensor based on nuclear magnetic resonance [J]. Biosens Bioelectron, 2009, 25 (1): 240-243.

[148] Chen K, Liu M C, Zhao G H, et al.Fabrication of a novel and simple microcystin-LR photoelectrochemical sensor with high sensitivity and selectivity [J]. Environ Sci Technol, 2012, 46 (21): 11955-11961.

[149] Wang S L, Wang L L, Ma W H, et al.Moderate valence band of bismuth oxyhalides (BiOXs, X= Cl, Br, I) for the best photocatalytic degradation efficiency of MC-LR [J]. Chem Eng J, 2015, 259: 410-416.

[150] Wang X P, Gao P C, Yan T, et al.Ultrasensitive photoelectrochemical immunosensor for insulin detection based on dual inhibition effect of CuS-SiO_2 composite on CdS sensitized C-TiO_2 [J]. Sens Actuators B, 2018, 258: 1-9.

[151] Wang R, Yan K, Wang F, et al. A highly sensitive photoelectrochemical sensor for 4-aminophenol based on CdS-graphene nanocomposites and molecularly imprinted polypyrrole [J]. Electrochim Acta, 2014, 121: 102-108.

[152] Liu Y, Yan K, Okoth O K, et al. A label-free photoelectrochemical aptasensor based on nitrogen-doped graphene quantum dots for chloramphenicol determination [J]. Biosens Bioelectron, 2015, 74: 1016-1021.

[153] Ocaña C, Hayat A, Mishra R K, et al.Label free aptasensor for lysozyme detection: A comparison of the analytical performance of two aptamers [J]. Bioelectrochem, 2015, 105: 72-77.

[154] Neves M A D, Blaszykowski C, Bokhari S, et al. Ultra-high frequency piezoelectric aptasensor for the label-free detection of cocaine [J]. Biosens Bioelectron, 2015, 72: 383-392.

[155] Eissa S, Zourob M. A graphene-based electrochemical competitive immunosensor for the sensitive detection of okadaic acid in shellfish [J]. Nanoscale, 2012, 4 (23): 7593-7599.

[156] Moreno I M, Molina R, Jos A, et al. Determination of microcystins in fish by solvent extraction and liquid chromatography [J]. J Chromatogr A, 2005, 1080 (2): 199-203.

[157] Ai Z H, Ho W K, Lee S C. Efficient visible light photocatalytic removal of NO with BiOBr-graphene nanocomposites [J]. J Phys Chem C, 2011, 115 (51): 25330-25337.

[158] Ye L Q, Liu J Y, Jiang Z, et al. Facets coupling of BiOBr-g-C_3N_4 composite photocatalyst for

enhanced visible-light-driven photocatalytic activity [J] . Appl Catal B, 2013, 142-143: 1-7.

[159] Zhang Y H, Tang Z R, Fu X Z, et al. TiO_2-graphene nanocomposites for gas-phase photocatalytic degradation of volatile aromatic pollutant: Is TiO_2-graphene truly different from other TiO_2-carbon composite materials? [J] . ACS Nano, 2010, 4 (12) : 7303-7314.

[160] Wang S L, Li J J, Zhou X D, et al.Facile preparation of 2D sandwich-like CdS nanoparticles/nitrogen-doped reduced graphene oxide hybrid nanosheets with enhanced photoelectrochemical properties [J] . J Mater Chem A, 2014, 2 (46) : 19815-19821.

[161] Xia J X, Di J, Yin S, et al.Improved visible light photocatalytic activity of MWCNT/BiOBr composite synthesized via a reactable ionic liquid [J] . Ceram Int, 2014, 40 (3) : 4607-4616.

[162] Mou Z G, Wu Y J, Sun J H, et al. TiO_2 nanoparticles-functionalized N-doped graphene with superior interfacial contact and enhanced charge separation for photocatalytic hydrogen generation [J] . ACS Appl Mater Interfaces, 2014, 6 (16) : 13798-13806.

[163] Chang C, Zhu L Y, Wang S F, et al. Novel mesoporous graphite carbon nitride/BiOI heterojunction for enhancing photocatalytic performance under visible-light irradiation [J] . ACS Appl Mater Interfaces, 2014, 6 (7) : 5083-5093.

[164] Fang Y F, Huang Y P, Yang J,et al. Unique ability of BiOBr to decarboxylate D-Glu and D-MeAsp in the photocatalytic degradation of microcystin-LR in water [J] . Environ Sci Technol, 2011, 45 (4) : 1593-1600.

[165] Han C, Doepke A, Cho W, et al. A multiwalled-carbon-nanotube-based biosensor for monitoring microcystin-LR in sources of drinking water supplies [J] . Adv Funct Mater, 2013, 23 (14) : 1807-1816.

[166] Li R Z, Liu Y, Cheng L, et al. Photoelectrochemical aptasensing of kanamycinusing visible light-activated carbon nitride and graphene oxide nanocomposites [J] . Anal Chem, 2014, 86 (19) : 9372-9375.

[167] Yan Y T, Li H N, Liu Q, et al. A Facile strategy to construct pure thiophene-sulfur-doped graphene/ZnO nanoplates sensitized structure for fabricating a novel "on-off-on" switch photoelectrochemical aptasensor [J] . Sens Actuators B, 2017, 251: 99-107.

[168] Fan L F, Zhao G H, Shi H J, et al. A femtomolar level and highly selective 17 β-estradiol photoelectrochemical aptasensor applied in environmental water samples analysis [J] . Environ Sci Technol, 2014, 48 (10) : 5754-5761.

[169] Li H B, Qiao Y F, Li J, et al. A sensitive and label-free photoelectrochemical aptasensor using Co-doped ZnO diluted magnetic semiconductor nanoparticles [J] . Biosens Bioelectron, 2016, 77: 378-384.

[170] Liu F, Zhang Y, Yu J H, et al. Application of ZnO/graphene and S6 aptamers for sensitive

photoelectrochemical detection of SK-BR-3 breast cancer cells based on a disposable indium tin oxide device [J] . Biosens Bioelectron, 2014, 51: 413-420.

[171] Wu D Y, Long M. Realizing visible-light-induced self-cleaning property of cotton through coating N-TiO_2 film and loading AgI particles [J] . ACS Appl Mater Interfaces, 2011, 3 (12) : 4770-4774.

[172] Ng C H B, Fan W Y. Controlled synthesis of β-AgI nanoplatelets from selective nucleation of twinned Ag seeds in a tandem reaction [J] . J Phys Chem C, 2007, 111 (7) : 2953-2958.

[173] Choi J, Reddy D A, Kim T K. Enhanced photocatalytic activity and anti-photocorrosion of AgI nanostructures by coupling with graphene-analogue boron nitride nanosheets [J] . Ceram Int, 2015, 41 (10) : 13793-13803.

[174] Reddy D A, Choi J, Lee S, et al. Green synthesis of AgI nanoparticle-functionalized reduced graphene oxide aerogels with enhanced catalytic performance and facile recycling [J] . RSC Adv, 2015, 5 (83) : 67394-67404.

[175] Yi J H, Huang L L, Wang H J, et al. AgI/TiO_2 nanobelts monolithic catalyst with enhanced visible light photocatalytic activity [J] . J Hazard Mater, 2015, 284: 207-214.

[176] Cheng R H, Huang B B, Dai Y, et al. One-step synthesis of the nanostructured AgI/BiOI composites with highly enhanced visible-light photocatalytic performances [J] . Langmuir, 2010, 26 (9) : 6618-6624.

[177] Zhao W W, Wang J, Xu J J, et al. Energy transfer between CdS quantum dots and Au nanoparticles in photoelectrochemical detection [J] . Chem Commun, 2011, 47 (39) : 10990-10992.

[178] Ma Z Y, Ruan Y F, Xu F, et al. Protein binding bends the gold nanoparticle capped DNA sequence: Toward novel energy-transfer-based photoelectrochemical protein detection [J] . Anal Chem, 2016, 88 (7) : 3864-3871.

[179] Reddy D A, Lee S, Choi J, et al. Green synthesis of AgI-reduced graphene oxide nanocomposites: Toward enhanced visible-light photocatalytic activity for organic dye removal [J] . Appl Surf Sci, 2015, 341: 175-184.

[180] Chen J, Mei W G, Huang Q J, et al. Highly efficient three-dimensional fiower-like AgI/$Bi_2O_2CO_3$ heterojunction with enhanced photocatalytic performance [J] . J Alloys Compd, 2016, 688: 225-234.

[181] Dong F, Zhao Z W, Xiong T, et al. In Situ construction of g-C_3N_4/g-C_3N_4 metal-free heterojunction for enhanced visible-light photocatalysis [J] . ACS Appl Mater Interfaces, 2013, 5 (21) : 11392-11401.

[182] Zhou Z X, Shang Q W, Shen Y F, et al. Chemically modulated carbon nitride nanosheets for

highly selective electrochemiluminescent detection of multiple metal-ions [J] . Anal Chem, 2016, 88 (11) : 6004 -6010.

[183] Wang Z L. Triboelectric nanogenerators as new energy technology for self-powered systems and as active mechanical and chemical sensors [J] . ACS Nano, 2013, 7 (11) : 9533 -9557.

[184] Hou C T, Fan S Q, Lang Q L, et al. Biofuel cell based self-powered sensing platform for L-cysteine detection [J] . Anal Chem, 2015, 87 (6) : 3382 -3387.

[185] Gai P P, Gu C C, Hou T, et al. Ultrasensitive self-powered aptasensor based on enzyme biofuel cell and DNA bioconjugate: A facile and powerful tool for antibiotic residue detection [J] . Anal Chem, 2017, 89 (3) : 2163 -2169.

[186] Sawangkeaw R, Ngamprasertsith S. A review of lipid-based biomasses as feedstocks for biofuels production [J] . Renew Sust Energ Rev, 2013, 25 (5) : 97 -108.

[187] Zhang L L, Bai L, Xu M, et al. High performance ethanol/air biofuel cells with both the visible-light driven anode and cathode [J] . Nano Energy, 2015, 11: 48 -55.

[188] Ciornii D, Riedel M, Stieger K R, et al. Bioelectronic circuit on a 3D electrode architecture: Enzymatic catalysis interconnected with photosystem I [J] . J Am Chem Soc, 2017, 139 (46) : 16478 -16481.

[189] Xie L Q, Zhang Y H,Gao F, et al. A highly sensitive dopamine sensor based on a polyaniline/reduced graphene oxide/nafion nanocomposite [J] . Chin Chem Lett, 2017, 28 (1) : 41-48.

[190] Liu S, Wang L, Luo Y L, et al. Polyaniline nanofibres for fluorescent nucleic acid detection [J] . Nanoscale, 2011, 3 (3) : 967 -969.

[191] Lu P, Yu J, Lei Y T, et al. Synthesis and characterization of nickel oxide hollow spheres-reduced graphene oxide-nafion composite and its biosensing for glucose [J] . Sensor Actuators B, 2015, 208: 90 -98.

[192] Yehezkeli O, Tel-Vered R, Wasserman J, et al. Integrated photosystem Ⅱ -based photo-bioelectrochemical cells [J] . Nat Commun, 2012, 3: 742.

[193] Efrati A, Lu C H, Michaeli D, et al. Assembly of photo-bioelectrochemical cells using photosystem I-functionalized electrodes [J] . Nature Energy, 2016, 1: 15021.

[194] Pu Y C, Wang G M, Chang K D, et al. Au nanostructure-decorated TiO_2 nanowires exhibiting photoactivity across entire UV-visible region for photoelectrochemical water splitting [J] . Nano Lett, 2013, 13 (8) : 3817 -3823.

[195] Yoo H, Bae C, Yang Y, et al. Spatial charge separation in asymmetric structure of Au nanoparticle on TiO_2 nanotube by light-induced surface potential imaging [J] . Nano Lett, 2014, 14 (8) : 4413 -4417.

[196] Gao C M, Zhang L N, Wang Y H, et al. Visible-light driven biofuel cell based on hierar-

chically branched titanium dioxide nanorods photoanode for tumor marker detection [J] . Biosens Bioelectron, 2016, 83: 327-333.

[197] Yan K, Yang Y H, Okoth O K, et al. Visible-light induced self-powered sensing platform based on a photofuel cell [J] . Anal Chem, 2016, 88 (12) : 6140-6144.

[198] Wang Y H, Gao C M, Ge S G, et al. Self-powered sensing platform equipped with prussian blue electrochromic display driven by photoelectrochemical cell [J] . Biosens Bioelectron, 2017, 89: 728-734.

[199] Dai W X, Zhang L, Zhao W W, et al. Hybrid PbS quantum dot/nanoporous NiO film nanostructure: Preparation, characterization, and application for a self-powered cathodic photoelectrochemical biosensor [J] . Anal Chem, 2017, 89 (15) : 8070-8078.

[200] Zhang X, Liu Y, Lee S T, et al. Coupling surface plasmon resonance of gold nanoparticles with slow-photon-effect of TiO_2 photonic crystals for synergistically enhanced photoelectrochemical water splitting [J] . Energy Environ Sci, 2014, 7 (4) : 1409-1419.

[201] Wen Y Y, Ding H M, Shan Y K. Preparation and visible light photocatalytic activity of Ag/TiO_2/graphene nanocomposite [J] . Nanoscale, 2011, 3 (10) : 4411-4417.

[202] Guo Y X, Huang H W, He Y, et al. In situ crystallization for fabrication of a core-satellite structured BiOBr-CdS heterostructure with excellent visible-light-responsive photoreactivity [J] . Nanoscale, 2015, 7 (27) : 11702-11711.

[203] Zhang Y H, Tang Z R, Fu X Z, et al. TiO_2-graphene nanocomposites for gas-phase photocatalytic degradation of volatile aromatic pollutant: Is TiO_2-graphene truly different from other TiO_2-carbon composite materials? [J] . ACS Nano, 2010, 4 (12) : 7303-7314.

[204] Wang Y, Li Z, Tian Y F, et al. Facile method for fabricating silver-doped TiO_2 nanotube arrays with enhanced photoelectrochemical property [J] . Mater Lett, 2014, 122: 248-251.

[205] Wu F, Hu X Y, Fan J, et al. Photocatalytic activity of Ag/TiO_2 nanotube arrays enhanced by surface plasmon resonance and application in hydrogen evolution by water splitting [J] . Plasmonics, 2013, 8 (2) : 501-508.

[206] Jiang D, Du X J, Chen D Y, et al. Facile wet chemical method for fabricating p-type BiOBr/n-type nitrogen doped graphene composites: Efficient visible-excited charge separation, and high-performance photoelectrochemical sensing [J] . Carbon, 2016, 102: 10-17.